LES

MACHINES AGRICOLES

SUR LE TERRAIN

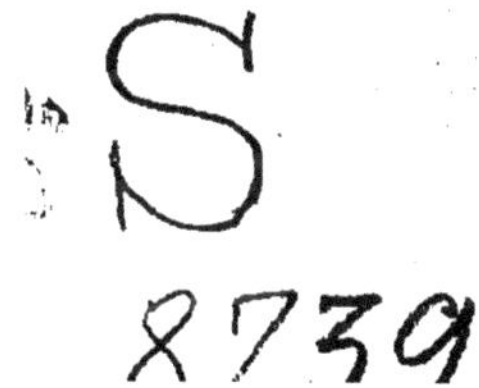

INSTRUCTIONS PRATIQUES

SUR L'UTILITÉ ET L'EMPLOI

des Machines agricoles sur le Terrain

PAR

A. DEBAINS

Ingénieur des Arts et Manufactures

Professeur de Génie rural à l'Ecole Nationale d'Agriculture de Grand-Jouan

---

SEMAILLES

Ouvrage contenant 76 figures dans le texte

et 32 clichés de Machines agricoles en Appendice.

NANTES

GEORGES MEYNIEU, IMPRIMEUR

PARIS

SOCIÉTÉ D'ÉDITIONS SCIENTIFIQUES

1894

A Monsieur Eugène TISSERAND,

Conseiller d'État,

Directeur de l'Agriculture.

Monsieur le Directeur,

Vous m'avez souvent exprimé le regret de ne pas trouver, dans les ouvrages qui traitent de la Mécanique agricole, des renseignements pratiques sur la manière de se servir des instruments sur le terrain. Dans ce Traité, j'ai cherché à combler cette lacune. Si, après y avoir jeté un coup d'œil, vous pensez que j'ai en partie atteint le but que je me proposais, j'estimerai que je n'ai pas perdu mon temps, et fait une œuvre utile à l'Agriculture.

Veuillez agréer, Monsieur le Directeur, l'assurance de mon respectueux dévouement.

A. DEBAINS.

AVANT-PROPOS

La plus grande difficulté que l'on rencontre dans la publication d'un ouvrage où l'on traite des Machines agricoles, réside dans la nécessité de compléter les descriptions de ces machines par des planches explicatives.

Ce livre ayant surtout pour but d'indiquer les règles, qui doivent guider l'Agriculteur dans l'appréciation du fonctionnement d'un instrument sur le terrain, il m'a été possible de simplifier beaucoup les dessins, et de les réduire à de simples schémas explicatifs. Ces schémas n'ont donc d'autre but que de permettre à l'Agriculteur de connaître les principes sur lesquels on doit s'appuyer pour se rendre compte du travail d'un outil.

Enfin, j'insiste sur ce point, que les appareils décrits, en totalité ou en partie, ne servent qu'à expliquer le genre de travail qu'ils doivent exécuter, l'auteur de cet ouvrage n'ayant pas pris à tâche de faire l'historique des instruments couramment employés en agriculture, mais seulement d'indiquer d'une manière générale le meilleur moyen d'utiliser les instruments sur le terrain.

C'est assez faire connaître aux constructeurs français et étrangers, que je ne ferai pas la description de toutes les machines, même de celles qui sont fort employées, les instruments cités ne l'étant qu'à titre d'exemples, permettant d'apprécier le travail que l'on est en droit d'exiger d'eux pour l'exécution des différentes opérations culturales.

DEUXIÈME PARTIE

Semailles

Les *labours*, qui sont les premières façons que l'on fait subir aux terres destinées à la culture peuvent s'effectuer à des époques différentes de l'année et ne précèdent pas toujours immédiatement les *semailles*. Ce sont des travaux qui ont un caractère bien défini, et qui s'exécutent avec des instruments dont les pièces principales sont les mêmes. C'est pour cela que, modifiant mon programme primitif, j'ai arrêté le premier volume à la description des outils employés pour les labours, description qui forme la première partie de cet ouvrage.

Ce second volume est plus particulièrement réservé à l'étude des machines destinées à préparer les terres, à recevoir les semences, à les confier régulièrement au sol, et à les protéger contre les herbes ou animaux parasites qui pourraient les détruire, ce qui m'a déterminé à donner à ce volume le titre *Semailles*. Le troisième et dernier volume traitera des *Récoltes*.

Cette deuxième partie comprendra cinq chapitres.

Chapitre I. Appareils destinés à l'ameublissement superficiel du sol (cultivateurs, herses, rouleaux).

Chapitre II. Distributeurs d'engrais solides et liquides.
» III. Semoirs à grains.
» IV. Houes à cheval.
» V. Pulvérisateurs.

Chapitre I

Ameublissement superficiel du sol.

Lorsque le sol a été labouré à une plus ou moins grande profondeur, il convient de l'ameublir et de le diviser, afin que les racines des plantes qu'on lui confie puissent y pénétrer plus facilement. Cette division est aussi nécessaire pour permettre aux engrais minéraux, qu'aujourd'hui en bonne culture on ajoute presque toujours au sol avant de lui confier les *semences*, de s'incorporer à toutes les molécules du terrain. Ce travail d'ameublissement exige des instruments, dont le perfectionnement doit concorder avec la nécessité d'obtenir une division plus complète. Ce n'est d'ailleurs que par une succession d'opérations, avec des outils différents, qu'on arrive aux résultats demandés.

Le premier travail s'effectue avec des instruments que l'on nomme *cultivateurs*, quelquefois aussi appelés *scarificateurs* quand ils doivent fendre une terre durcie par les pluies ou le soleil, ou *extirpateurs* lorsqu'ils ont plus spécialement pour but d'enlever les mauvaises herbes, qui ont poussé sur les labours faits depuis un certain temps. Le second travail s'exécute avec les herses et les rouleaux, que l'on fait souvent passer à plusieurs reprises jusqu'à ce que l'on obtienne l'état de ténuité des molécules du sol, nécessaire au développement des racines de la plante dont on doit confier la semence au terrain. Je vais indiquer quelles sont les formes diverses des outils répondant le mieux aux travaux qu'ils doivent exécuter.

Cultivateurs. On peut distinguer dans ces instruments deux parties : 1° le bâti ; 2° les dents ou socs.

Le bâti dans l'outil primitif et grossier, dit *hers bataille,* était en bois, mais cette matière est maintenant complètement abandonnée.

Les bâtis des *cultivateurs* sont aujourd'hui en fer ou en acier ; la fonte, qui était employée dans les *cultivateurs* anglais, a complètement disparu du corps des bâtis français, et n'existe plus, chez quelques constructeurs, que dans certaines pièces détachées du mouvement de relevage des socs. Afin d'empêcher les socs de s'engorger d'herbes arrachées par l'outil, il est nécessaire d'élever le bâti au-dessus du sol, et par conséquent d'avoir des tiges porte-socs assez longues, ce qui augmente le bras de levier de l'effort, et par conséquent nécessite une grande résistance dans les pièces. L'insertion des tiges sur le bâti doit pouvoir varier, afin que l'écartement entre les socs puisse être augmenté ou diminué, selon que le terrain est plus ou moins couvert de plantes parasites. Enfin l'appareil doit pouvoir être relevé ou abaissé facilement de manière à placer les socs, ou hors de terre pour le transport, ou plus ou moins enfoncés dans le sol pour le travail ; il doit aussi pouvoir êtrerelevé brusquement pour dégager les herbes, qui à certains moments font bourrer le *cultivateur* et en arrêtent la marche.

Les bâtis des *cultivateurs* affectent généralement la forme de triangles sur un des sommets duquel est fixé le tirage; ces triangles ainsi tirés ont une tendance à se déformer, mais la traction étant plus faible dans ces outils que dans les charrues multiples, l'inconvénient est moindre. Certains constructeurs forment le cadre extérieur avec deux barres parallèles, réunies par des entretoises, où sont placées les tiges de socs; une autre barre parallèle partage le milieu entre les deux barres extrêmes et se prolonge jusqu'à l'avant-train ; cette disposition empêche la déformation du bâti, mais l'insertion des tiges de socs sur les entretoises tend à les tordre sous l'influence des efforts de traction; il vaudrait mieux fixer les tiges sur des pièces dirigées suivant des parallèles à la ligne de tirage; la nécessité de modifier l'écartement des socs n'a pas permis de maintenir cette disposition, adoptée dans le Cultivateur anglais Coleman.

Les bâtis sont supportés à l'arrière par deux roues d'assez grand diamètre, et à l'avant par une ou deux roues formant avant-train, et pouvant pivoter autour d'un axe cheville-ouvrière sous l'action des animaux de trait. Généralement les roues d'arrière sont montées sur des essieux coudés qui peuvent s'incliner plus ou moins, et par conséquent abaisser ou relever le bâti au moyen de leviers convenablement disposés, que l'on peut fixer à des hauteurs différentes, le plus souvent à l'aide de goupilles pénétrant en avant du levier sur des secteurs percés de trous. Ce système est préférable aux vis de relevage, qui sont longues à manœuvrer et ne soulèvent pas également les deux côtés.

Quant à l'avant-train, il peut être relevé indépendamment de l'arrière. Dans les anciens outils le règlement de la hauteur se faisait en fixant, à l'aide de goupilles, l'avant du bâti en forme de chape sur la tige verticale supportant l'essieu des petites roues que cette chape embrasse. C'était incommode et l'attache manquait de fixité. Une meilleure disposition est adoptée maintenant par plusieurs constructeurs et en particulier par MM. Amiot et Bariat. Le dessin (fig. 1) représente cet avant-train. Il est boulonné sur une pièce C en forme de chape qui peut glisser dans une tige T, supportant l'essieu *a* des deux roues R, cet essieu est coudé et est fixé par un boulon *b* sur une fourche solidaire de T ; de cette façon l'essieu peut s'incliner plus ou moins autour de l'articulation *b*, et les deux roues peuvent poser à terre en suivant les ondulations du terrain. Aux deux extrémités supérieure et inférieure de la tige T se trouvent deux pièces *i* et *k* qui l'embrassent et soutiennent une vis V, qui passe dans un écrou E, placé entre les branches d'une fourche F, suivant le mouvement de B, terminée par le crochet où se fixe l'attelage. La pièce *i* formant le haut de V porte une manivelle *m*, qu'on peut tourner à la main. C'est au moyen de cette manivelle qu'on relève ou abaisse le bâti, entraîné par l'écrou E, circulant sur la vis V, et conduit par la tige T; une pièce *p* empêche *m* de tourner en route, et rend stable le règlement de profondeur. Ce système est simple et robuste, mais exige l'emploi d'une vis dont les filets se remplissent souvent de terre et se couvrent de rouille, ce qui la rend difficile à manœuvrer.

Beaucoup de constructeurs aujourd'hui ont supprimé ce règlement par vis et font à l'arrière la manœuvre de l'avant-train, ce qui est plus commode pour le conducteur. Parmi les différents mécanismes adoptés pour obtenir ce résultat, celui choisi par M. Emile Puzenat dans son extirpateur-cultivateur l'*Universel*, me paraît un des mieux combinés. Le relevage ou l'abaissement du bâti (fig. 2), se fait à l'aide d'un levier L solidaire d'un pignon *b*, engrenant avec un secteur denté *d* calé sur l'essieu N portant les deux roues R de l'instrument. La pièce *d* est munie à sa partie supérieure d'un crochet C, auquel vient se fixer une chaîne *k* de longueur constante, qui est supportée par une poulie à gorge *p*, placée sur l'avant du bâti B et s'attache au crochet E.

Voici comment se produit le mouvement d'abaissement du bâti, pour faire enfoncer les socs dans le sol. Le levier L étant abaissé pour le transport, dans une position correspondant au plus grand relèvement des (tracé pointillé de la fig. 3), le palonnier s'incline et les extrémités des leviers B B viennent en a' b', et l'appareil n'est alors incliné que d'un côté.

Fig. 3. — **Plan du mécanisme de réglage du cultivateur Puzenat aîné.**

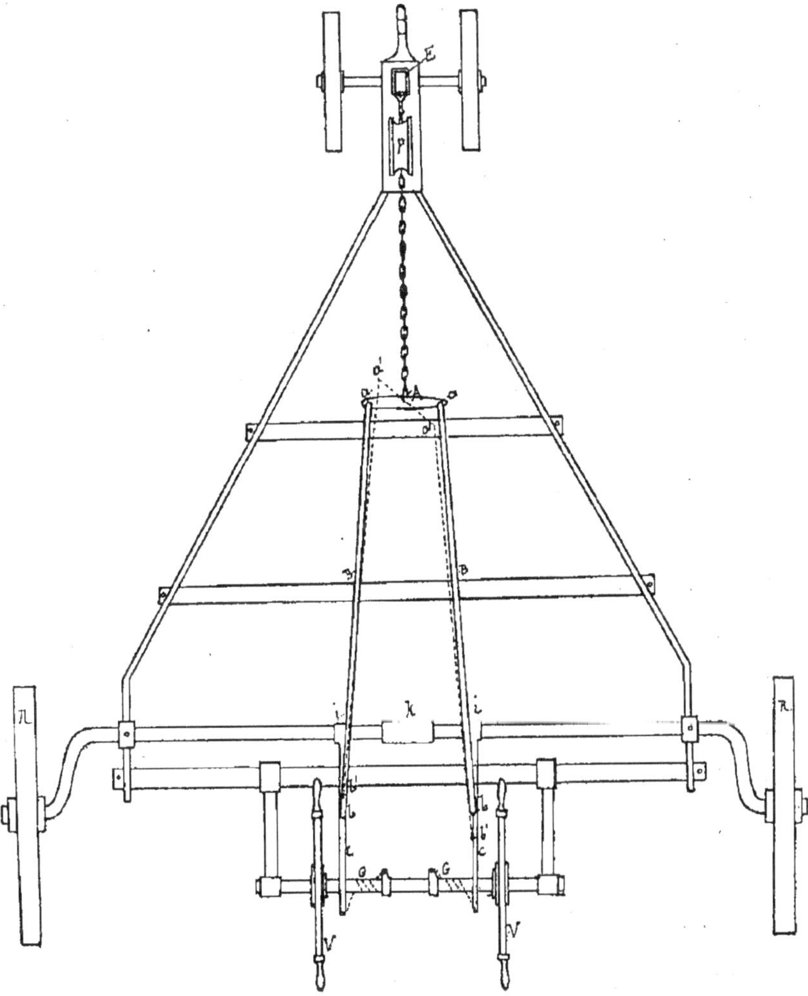

Dans les cultivateurs destinés aux terres fortes, on met quelquefois trois leviers à l'arrière, ce qui permet de ne manœuvrer avec chaque levier qu'un côté de l'appareil et de n'avoir à soulever que le tiers de son poids.

2° **Dents ou Socs.** — Il est très important de fixer les socs sur le bâti avec des attaches solides et faciles à serrer. Il est aussi indispensable d'avoir un nombre impair de socs, de manière à les répartir symétriquement autour de l'axe de traction pour permettre à l'appareil de se diriger suivant la ligne de tirage des animaux et supprimer le règlement de largeur. Il faut que les socs soient aussi éloignés que possible les uns des autres, afin d'éviter les engorgements d'herbes, et par conséquent qu'ils soient placés sur plusieurs barres distinctes, ce qui augmente la longueur du bâti. La forme de ces socs devant varier avec la nature des terres et le travail à effectuer, il est bon de les faire en deux parties, une tige fixée sur le bâti, et le soc proprement dit maintenu sur cette tige par des boulons, afin que l'on puisse changer cette dernière partie suivant les travaux à exécuter. D'ailleurs les socs s'usant vite de la pointe lorsqu'ils sont en une seule pièce, il faut les démonter pour les recharger à la forge ; cela occasionne une assez grande perte de temps et exige d'habiles forgerons pour obtenir toujours une même forme de la partie pénétrant dans le sol. Les tiges devant supporter un effort considérable, s'exerçant au bout de la pointe des socs par un grand bras de levier, il faut qu'elles présentent une grande solidité dans leur attache aux pièces du bâti. Les dispositions adoptées primitivement étaient défectueuses ; les tiges étaient fixées au bâti par des pièces taraudées, passant dans un œil pratiqué dans les longerons du bâti, et serrées par un écrou. On amincissait la pièce, juste à l'endroit où l'effort est le plus grand ; il en résultait que les tiges se cassaient dans la partie filetée, et par conséquent nécessitaient une réparation difficile et coûteuse. On a bien cherché à obvier à cet inconvénient en mettant des embases renforcées dans la partie supérieure de la tige portant sous ce bâti. Cette disposition, qui augmente beaucoup la résistance, ne produit son effet que si les écrous maintenant les tiges ne se desserrent pas en travail, mais, dans les terrains pierreux, les trépidations et les chocs amènent ce desserrage des écrous, et les tiges se cassent ou se perdent. Enfin les attaches par tiges taraudées nécessitent le maintien des socs dans des positions fixes, empêchant ainsi de varier leur écartement lorsque le terrain est engagé d'herbes.

La disposition d'attache des tiges au bâti adoptée par M. Puzenat est simple et solide. La partie supérieure *f* de la tige A est formée d'une fourche qui embrasse la barre transversalle B du bâti (fig. 4) et porte, sur ses deux montants verticaux, des mortaises dans lesquelles peut entrer une clavette *c*, qui serre d'un côté sur B et de l'autre sur une contre-clavette K, que l'on passe dans les mortaises avant de placer *c*. En frappant légèrement sur *c*, qui est un peu conique, on fixe la tige A sur B à l'endroit que l'on veut ; une goupille *g* empêche *c* de se desserrer et de tomber par les secousses pendant la marche.

Les nouvelles tiges de M. Bajac ont peut-être encore plus d'adhérence au bâti ; elles ont une forme spéciale indiquée (fig. 5), qui est à la fois favorable à leur maintion sur la traverse B et à leur pénétration, si elles forment socs ainsi que je l'indiquerai plus loin. Ces tiges sont maintenues sur la traverse B par une clavette conique c placée en arrière de B et une contreclavette à deux épaulements D, épousant d'un côté la forme de la tige et de

Attaches de tiges de socs de cultivateur.

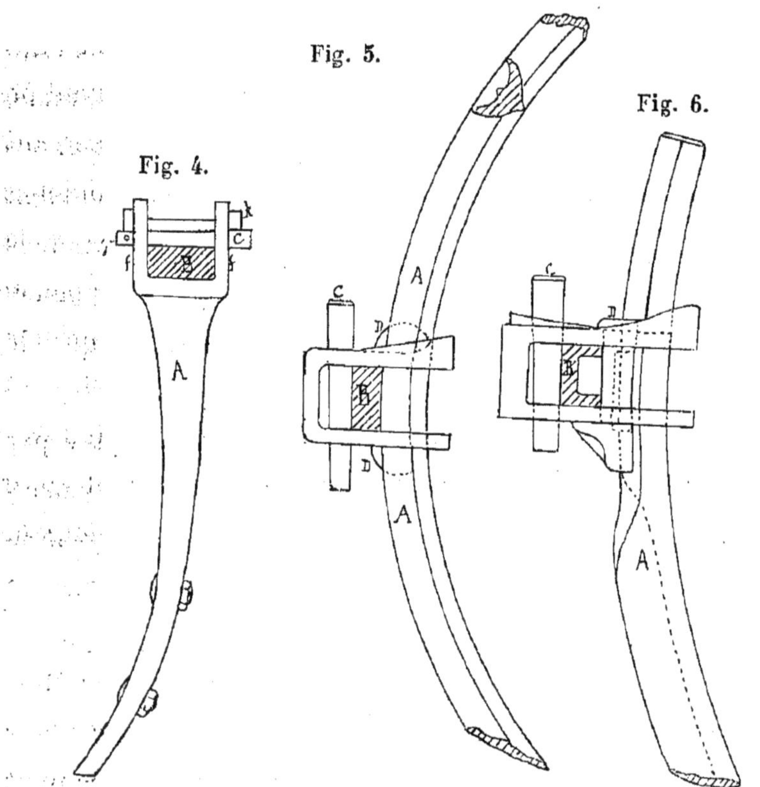

l'autre celle du bâti ; ces deux clavettes sont placées dans la mortaise d'un collier entre les branches duquel passe la tige A. MM. Amiot et Bariat emploient une disposition analogue (fig. 6); la traverse B en fer en ⌐⊔⌐ est plus légère et mieux combinée pour la résistance; la tige A a une section en V ouvert.

Le soc proprement dit, c'est-à-dire la partie qui pénètre dans le sol, peut faire corps avec la tige ou être indépendante. Lorsque l'instrument doit surtout décroûter la terre durcie, c'est-à-dire travailler en scarificateur, on peut employer des pointes faisant corps avec la tige, et M. Bajac a adopté une disposition qui permet de se servir longtemps des socs et de les user presque complètement. Pour cela, ce constructeur a donné aux tiges une forme courbe en arc de cercle (fig. 5). En travail on avance la tige A à mesure qu'elle s'use, en desserrant les clavettes C et D ; la pointe se présente ainsi toujours de la même manière à la pénétration dans le sol ; la section cruciforme de la tige s'affûte à la pointe par le travail lui-même ; mais elle à l'inconvénient de former de chaque côté du tranchant des vides qui se remplissent de terre, dont le frottement sur le sol est moins favorable que le frottement d'acier sur terre. On peut aussi faire d'une seule pièce les socs en forme de couteau, pour trancher les mottes ou régénérer de vieilles prairies en détruisant les mousses.

Lorsqu'on veut faire servir le même appareil comme cultivateur scarificateur et extirpateur, on rend les socs indépendants des tiges, et on les fixe par des boulons sur ces tiges. On peut aussi les changer suivant les travaux à exécuter. Quand l'outil sert d'extirpateur on met des socs larges, en forme de triangle lorsqu'il agit en cultivateur, ou bien en forme de courbe à deux pointes symétriques (fig. 2) lorsqu'il fait l'office de scarificateur. Dans les cultivateurs anglais, ces socs sont en fonte dure ;

les constructeurs français les font en acier ; ils pénètrent mieux dans la terre et sont moins cassants ; ceux des cultivateurs de M. Candelier sont de bonne qualité et faciles à remplacer.

Lorsqu'on exécute les travaux de labourage avec des appareils à vapeur, on peut se servir de *cultivateurs* spéciaux. L'ensemble du bâti d'un de ces instruments sera représenté, dans le courant de ce volume, pour l'application spéciale au travail des vignes plantées à grands écartements. Les pieds ou socs de ce *cultivateur* à vapeur sont fixés sur un solide bâti, et peuvent être déplacés pour modifier la hauteur et la largeur.

Le conducteur est assis sur un siège et dirige l'instrument avec un volant-guide comme dans les charrues à bascule. Cet appareil pivote sur lui-même à chaque extrémité du champ par un mécanisme semblable à celui de l'outil à sarcler les vignes, mécanisme qui sera décrit quand je parlerai de ce dernier instrument.

Herses. La herse est l'instrument le plus employé pour ameublir le sol retourné par la charrue ; elle sert aussi à compléter le travail des *cultivateurs*, à enterrer les semences et souvent au printemps à arracher les mauvaises herbes dans les plantes semées avant l'hiver. On l'emploie encore dans les prairies pour arracher les mousses et étendre les taupinières. Le rôle multiple que l'on veut faire remplir au même outil, en rend la construction fort difficile ; il faudrait lui donner une disposition et un poids différents pour chaque travail, mais l'agriculteur est peu disposé à grever son budget par l'achat d'un nombre trop considérable d'instruments. C'est pour permettre de n'employer qu'un seul outil que M. Bajac a construit sa herse extensible que je décrirai plus loin.

La herse est employée pour diviser et émietter la terre ; aussi, dans les derniers types construits, s'est-on surtout attaché à obtenir ces résultats.

En général on appelle *herses* des instruments qui, munis de socs pointus appelés dents, fonctionnent en traînant sur le sol ; mais, par extension, on appelle aussi herses, des outils qui sont animés d'un mouvement de rotation et d'un mouvement rectiligne de translation ; ces herses, dites rotatives, sont abandonnées aujourd'hui. Enfin, on donne encore le nom de herses à des instruments formés d'une série de disques munis de dents en étoiles animées d'un mouvement circulaire autour d'un axe horizontal.

Les herses traînantes sont les plus employées ; elles se composent de deux parties distinctes : 1° le bâti, 2° les dents.

1° Le bâti supporte les dents, qui doivent tracer sur le sol une série de lignes parallèles, dont l'écartement peut être plus ou moins grand suivant la forme du bâti. On s'est beaucoup appliqué dans les derniers instruments construits, à rapprocher ces lignes parallèles tracées par les dents, afin de mieux diviser le sol ; aussi a-t-on abandonné successivement les bâtis à formes triangulaire et trapézoïdale. La première herse permettant de varier l'écartement des lignes tracées par les dents est la herse parallélogrammique de Valcourt (fig. 7). Dans cette herse, les deux barres extrêmes E, où sont insérées les dents, portent des anneaux dans lesquels peuvent se fixer les

Fig. 7. — Herse type Valcourt.

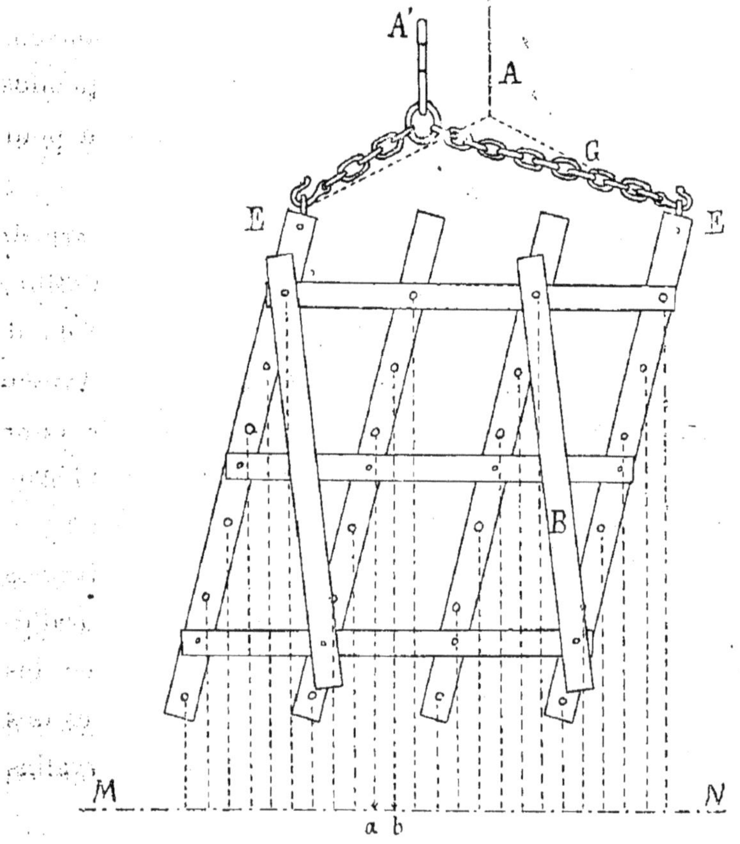

crochets extrêmes d'une chaîne G munie de maillons, assez forts pour qu'on puisse placer le crochet d'attelage à un endroit quelconque de sa longueur. Lorsque le crochet d'attelage est attaché en A, à peu près au milieu de cette chaîne, l'écartement des tracés correspond à la distance *a b*, formée par la projection de deux dents consécutives sur une ligne horizontale M N, perpendiculaire à la traction ; mais si le tirage est placé en A' l'instrument est tiré obliquement, et l'écartement des lignes tracées par les dents se trouve plus ou moins réduit, suivant que l'on fait écarter A' de la position primitive A. Ces herses peuvent être accouplées et réunies par un palonnier. Le bâti est généralement en bois. On y place souvent deux barres B (fig. 7), fixées au-dessus du bâti qu'elles renforcent, ces barres peuvent servir de traîneau pour conduire l'instrument aux champs.

Ces herses ne permettent pas d'obtenir un rapprochement suffisant des traces de dents sur le terrain ; aussi pour arriver à une division complète du sol, la disposition la meilleure est-elle celle qui a été inventée par M. Howard, appliquée au bâti de ses herses dites zig-zag. Ce bâti modifié par M. Garnier (fig. 8) est formé d'une série de parallélogrammes, deux extrêmes *a a b b*, *c c d d* et un central *b b c c;* les côtés des deux extrêmes sont inclinés dans le même sens ; les côtés du parallélogramme central forment des angles obtus avec les parallélogrammes extrêmes. En projetant les traces des dents sur l'horizontale M N, on obtient des intervalles *a b* excessivement petits. M. Howard accouple un jeu de trois herses semblables avec un palonnier qui peut s'attacher aux crochets C ou aux crochets G pour faire travailler les dents en avant ou en arrière, ce qui modifie le travail, ainsi que je l'indiquerai en parlant de la forme des pointes de dents.

Dans les terrains accidentés ou ondulés, on trouve que chaque herse est trop large et n'épouse pas assez les formes du terrain ; pour obtenir ce résultat et faire

Fig. 8. — Herse Howard construite par M. Garnier.

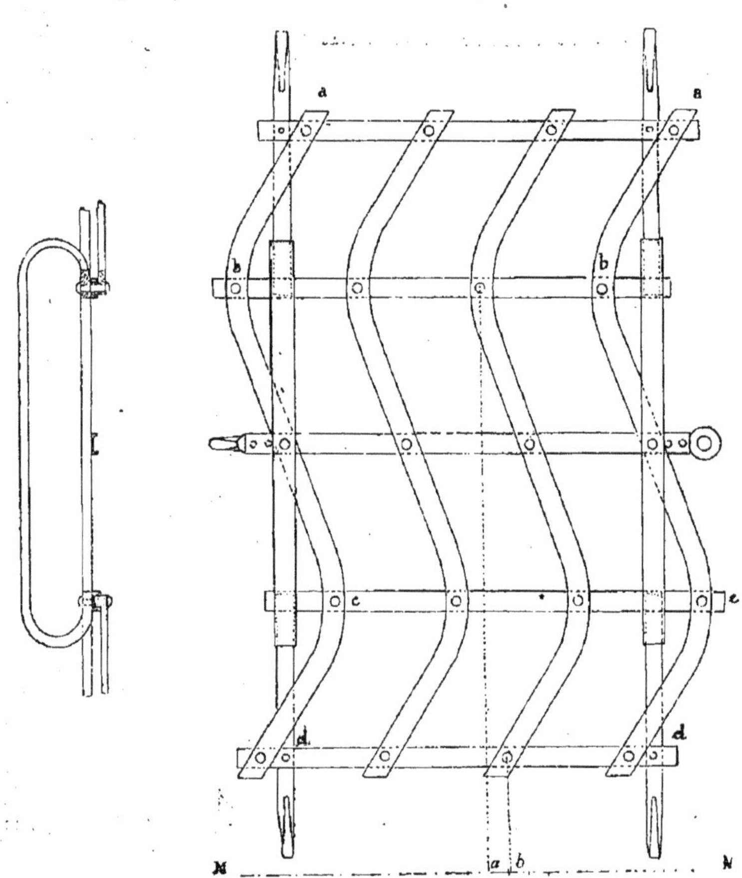

travailler les dents à la même profondeur, on a diminué la largeur des compartiments de herse et on en a réuni cinq à six sur un même palonnier P (herses Emile Puzenat fig. 9) ; mais dans ce système chaque compartiment tend sous l'influence des mottes à se séparer du voisin ; pour éviter cette séparation, on les réunit par des chaînes g. Malgré cette précaution, les parties postérieures des compartiments s'écartent les unes des autres ;

Fig. 9. — Herse Emile Puzenat.

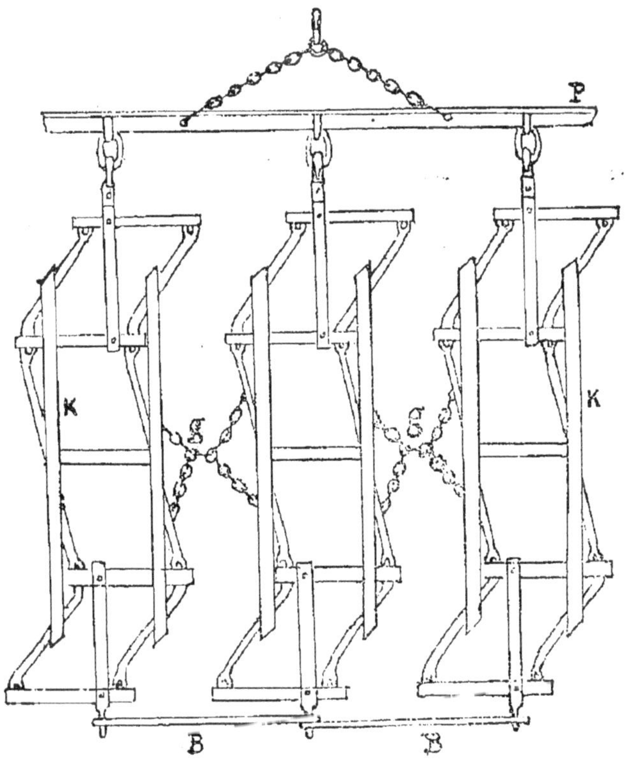

c'est pour obvier à cet inconvénient que quelques constructeurs placent à l'arrière des barres rigides B, les reliant entre elles au moyen de crochets ou d'anneaux se fixant dans les crochets de la herse, mais ce système ôte de la flexibilité à l'instrument et lui enlève une partie des avantages provenant de l'augmentation du nombre des compartiments.

Dans certains pays on place des mancherons sur l'arrière des bâtis de herses, pour permettre de les soulever facilement lorsque les dents sont pleines de terre et d'herbes; plus généralement on relève les segments engorgés à l'aide des barres K (fig. 9), qui servent en même temps à les trainer retournées d'un champ à un autre.

Le bâti des herses zig-zag ne permet pas de varier l'écartement des dents, et dans certains cas, par exemple pour déchirer un labour grossier et durci par la sécheresse, il y a intérêt à passer une herse, dont les intervalles entre les dents sont assez grands, afin de desceller la terre, puis à resserrer ces intervalles à mesure que les mottes soulevées deviennent moins grosses. C'est pour répondre à ce besoin et diminuer le nombre des outils que M. Bajac a inventé sa herse extensible (fig. 10). Le bâti central de cet instrument est un losange *a b c d*, de chaque côté duquel se répartissent des parallélogrammes *c e f g*, *a' e' f' g'*, articulés à leurs sommets, qui peuvent s'écarter de l'axe médian à l'aide d'une vis V à filets pas à gauche et pas à droite écartant les points a et c, et par conséquent tout le système en passant dans des écrous E E'. Cette vis V est actionnée en son milieu par une barre manivelle *m*. La herse peut occuper $4^{m}50$ de largeur avec des traces de dents écartées de $0^{m}15$, ou bien être resserrée à 1^{m} d'axe en axe des dents extrêmes, et alors l'écartement entre les dents n'est plus que de 3^{cm}.

2° *Dents.* Il y a quatre points à examiner dans la construction des dents de herses : *a* leur direction par rapport au plan du sol et du bâti, *b* leur forme, *c* leur longueur, *d* leur attache sur le bâti.

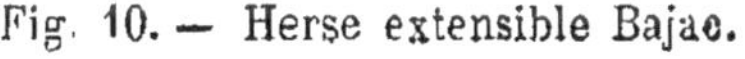

Fig. 10. — Herse extensible Bajac.

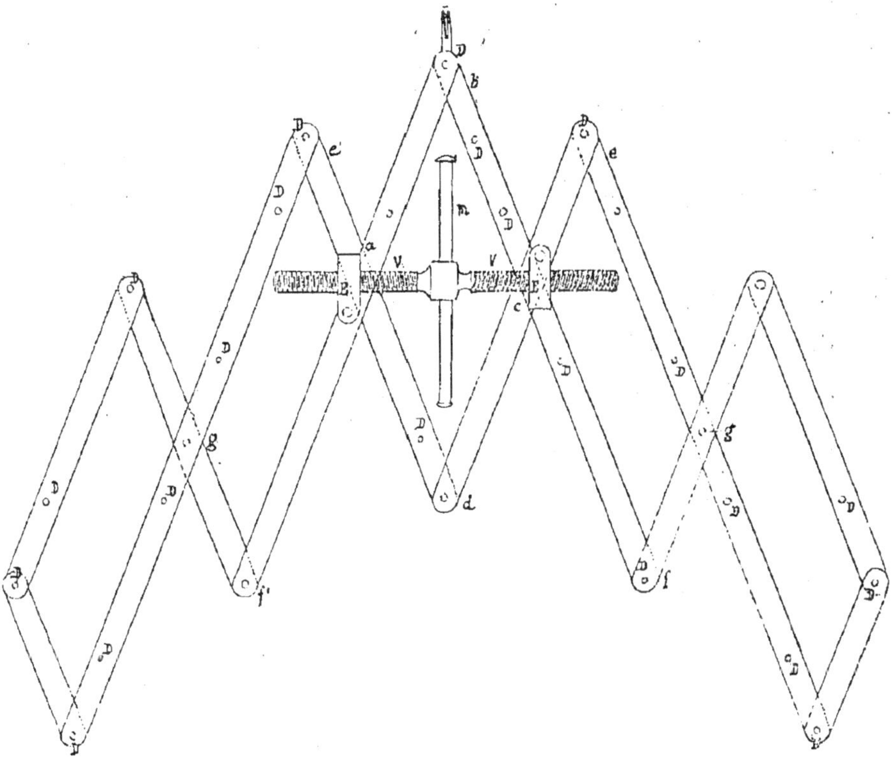

a — Les dents des anciennes herses étaient inclinées par rapport au plan du bâti ; on pensait qu'en allongeant plus ou moins la chaine d'attelage des herses, on pouvait avec des dents obliques obtenir des hersages d'intensité et de profondeur très différentes ; mais la puissance d'un hersage étant due surtout au poids qui agit sur chaque dent de herse, l'inclinaison n'a qu'un avantage apparent, et a pour inconvénient de donner moins de fixité à l'outil, et par conséquent, pour un même travail, d'augmenter l'effort de traction; aussi les dents des herses sont-elles aujourd'hui placées perpendiculairement au plan du bâti.

b. — L'extrémité des dents qui pénètre dans le sol est toujours en forme de pointe, mais cette pointe n'est pas au milieu de la section; elle est placée sur une des arêtes et elle se raccorde par une courbe ou par une droite à l'arête opposée. La section des dents par un plan perpendiculaire à leur axe est généralement un carré, dont une des arêtes est tournée dans le sens du tirage; mais avec cette section l'angle de pénétration dans les terres fortes est trop grand et augmente beaucoup l'effort de traction; pour les terres résistantes, la section en losange est préférable, et pour les terres collantes, la section en ellipse, dont le grand axe est placé dans le sens parallèle au tirage. En pratique on a adopté la section carrée qui donne pour une longueur donnée le maximun du poids.

c. — Evidemment plus les dents sont longues, plus elles pénètrent dans le sol, à la condition toutefois qu'elles soient assez lourdes; mais si leur poids et la dureté du sol ne leur permettent de pénétrer qu'à la moitié ou au tiers de leur longueur, les herses sautent sur le sol et l'ameublissent moins bien que celles qui sont armées de dents moins longues, s'enfonçant presque entièrement dans le terrain. Il est vrai que lorsque les dents sont trop courtes elles s'engorgent facilement d'herbes, et alors elles se soulèvent et ne pénètrent pas. Pour les travaux d'ameublissement on peut donner aux dents une longueur de 0m 15c à 0m 18c.

d.— Dans la plupart des herses, les dents sont fixées au bâti par des écrous serrant sur les traverses leurs extrémités supérieures qui sont taraudées. Ce taraudage diminue la section des dents à l'endroit où l'effort est le plus grand, et les ruptures se produisent presque toujours à la naissance de la section taraudée, ce qui exige une réparation difficile ou met la dent hors de service.

Un certain nombre de constructeurs ont adopté des systèmes d'attaches plus rationnels. M. Garnier de Redon (fig. 11) forme les longerons de ses bâtis de herses d'un fer en ⌐⊔¬ A, dans lequel s'encastre la tête de la dent D qui est surmontée d'une tige taraudée passée dans l'entretoise A et serrée par un écrou E. Dans ce cas la tige taraudée n'a pas d'inconvénient, tout l'effort se produisant dans la partie carrée de la dent encastrée dans A.

Attaches des dents de herse sur le bâti.

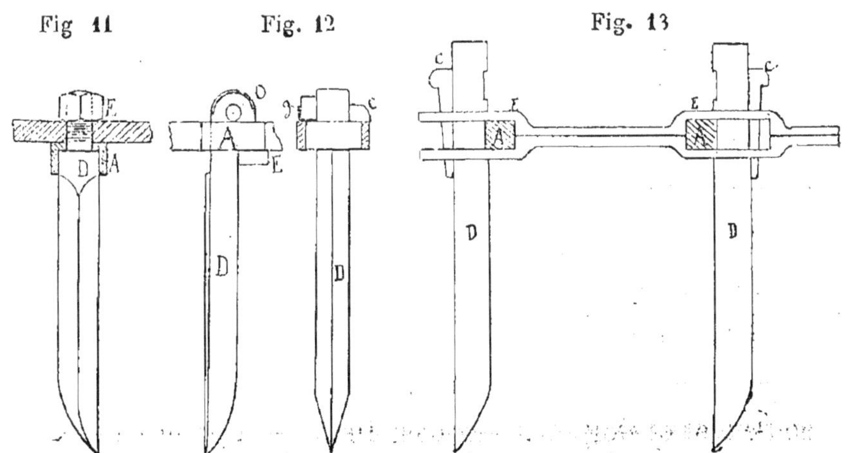

M. Emile Puzenat a adopté une disposition très simple pour l'attache des dents qui supprime les écrous. La partie supérieure ou tête de la dent D (fig. 12) est recourbée et porte à son milieu un œil O et au haut de la partie recourbée un talon E. Cette tête s'encastre dans les fers moisés A du bâti et est fixée au-dessus de ces fers par une clavette c et une contre-clavette g.

Cette disposition donne beaucoup de solidité à la dent, mais exige un travail assez coûteux. Dans la disposition de M. Rigault (fig. 13) la dent D, placée dans une mortaise pratiquée dans l'entretoise E, est serrée par une clavette c contre un des longerons obliques du bâti A, la dent porte une encoche de l'épaisseur de A, qui maintient la dent D sur A. En faisant deux ou trois encoches dans D, on peut augmenter ou diminuer la longueur des dents, avantage qui ne se trouve pas dans les autres types de herses. Enfin, on peut, au lieu d'une dent rigide, placer sur la herse une dent articulée sur le bâti, de telle sorte que l'instrument peut suivre toutes les ondulations ou inégalités du terrain. C'est la disposition adoptée dans la herse Ransomes. Ces herses ont surtout leur emploi dans les terrains cultivés en billons ou en très petites planches ; elles sont peu employées aujourd'hui.

On obtient la même flexibilité par une disposition adoptée par M. Emile Puzenat. La herse articulée dite couleuvre, se compose d'une série de pièces distinctes formées de trois dents s'emmanchant les unes dans les autres avec la plus grande facilité ; ces pièces sont formées de fil de fer plus ou moins gros tordus à la machine. Dans ce type on peut construire des herses de toutes forces. Elles remplissent le même office que celles formées d'une série de chaînons armés ou non de dents, employées encore beaucoup en Angleterre.

Ainsi que je l'ai dit, les éléments ou compartiments de herses traînantes sont réunis par des palonniers. Quel que soit le système employé, c'est le mode de tirage par palonnier qui doit être adopté. Il faut absolument proscrire le procédé d'attelage des herses, employé encore dans certains pays, qui consiste à attacher un cheval à chaque compartiment, et à réunir les chevaux par des guides ou longes très longues. Avec ce système, les tournants s'effectuent mal, les bâtis se retournent dents en l'air, et les chevaux y posent souvent le pied en se faisant les plus graves blessures.

J'ai dit que les agriculteurs reculent devant la dépense de herses de différentes forces, et que cependant suivant les travaux il faut des instruments plus ou moins lourds ou pénétrant plus profondément. Dans une certaine mesure on peut augmenter le poids d'une même herse en chargeant son bâti avec des morceaux de bois ou des pierres, ou en mettant deux éléments de la même herse l'un sur l'autre ; on peut aussi augmenter la profondeur en allongeant la chaîne d'attelage, et, dans la herse Rigault, en modifiant la longueur des dents. Enfin, si on veut déchirer le sol et pénétrer profondément, on fait tirer la herse du côté où la pointe des dents se présente en avant, en *accrochant* comme l'on dit ; si au contraire on veut enlever des mauvaises herbes, dont les racines sont peu profondes, sans arracher les récoltes, on change le palonnier de côté, et les dents présentent en avant une courbe qui diminue la pénétration et rend l'action de la herse moins brutale, on agit en *décrochant.*

Lorsqu'on veut aplanir un labour d'hiver, on doit faire passer plusieurs fois la herse; la première fois dans le sens du labour, et la seconde fois perpendiculairement au labour. Il faut éviter que les dents s'engorgent et que la herse traîne sans pénétrer dans le sol. Pour cela, le charretier doit de temps en temps soulever les herses et enlever, en l'étalant, la terre mêlée d'herbes ou de racines qui adhèrent aux dents. Quelquefois il suffit de placer une corde sur chaque compartiment, qu'on soulève de temps en temps à l'aide de cette corde que tient le conducteur. De toute façon, lorsque les terres sont un peu humides et engagées d'herbes, les barres d'équilibre nuisent au nettoyage des herses.

Dans les terrains herbus, la herse Cichoski, dite à clavier, formée de tiges indépendantes de deux longueurs différentes mobiles autour d'un essieu placé à l'avant, peut rendre des services, mais elle ne travaille bien qu'en maintenant les tiges rigides à l'aide d'une barre située au-dessus de ces tiges, ce qui la rend fixe et lui ôte tous ses avantages ; cet outil n'est plus employé en France.

Le transport des herses traînantes présente une certaine difficulté. Ainsi que je l'ai dit, pour aller d'un champ à un autre, on se contente souvent de les retourner et de les faire glisser sur le bâti, mais ce système est dangereux, les attelages pouvant poser les pieds sur les dents en l'air ; il vaut mieux exécuter le transport sur des petits chariots spéciaux. Dans beaucoup de fermes, on emploie de simples traîneaux en bois munis d'une tige verticale, destinée à maintenir les bâtis qu'on enfile dans la tige, mais ces traîneaux détériorent les routes ; il est préférable d'employer des petits chariots en fer montés sur quatre roues, qui permettent en même temps le transport des semences aux champs, évitant ainsi, pour d'aussi petits poids, l'emploi d'un chariot ou d'un tombereau.

Parmi les instruments qui tiennent le milieu entre la herse traînante et l'extirpateur, on peut classer la machine américaine *the Acme*, munie de dents recourbées en forme d'hélice, retournant la terre superficiellement, fixées sur une barre rigide soutenant un timon et un siège, à la portée duquel est un levier règlant l'entrure des dents. Quoique fonctionnant bien, *the Acme* n'a pas été adopté par les cultivateurs français, qui pensent avec raison que l'ameublissement complet du sol peut être obtenu avec les outils en usage.

Ainsi que je l'ai dit, on donne aussi le nom de herse à des outils munis de disques en étoile animés par la traction d'un mouvement circulaire autour d'un axe ; on les désigne généralement sous le nom de *Herses Norvégiennes*. On met ordinairement deux ou trois axes porte-disques sur un même bâti triangulaire supporté par trois roues. Quand un animal tire l'appareil, les disques, par leur mouvement de rotation, désagrègent et pulvérisent le sol.

M. Bajac construit sur le principe de la Herse Norvégienne un instrument, dit *Ecroutteuse-Emotteuse*, qui donne dans certains cas de bons résultats.

Le bâti A B B' de cet outil (fig. 14) est en deux parties A B, A B' pouvant se replier l'une sur l'autre autour de l'arbre A D qui les réunit. Chacun de ces bâtis porte trois arbres *ab cd ef*, qui forment les axes de trois séries d'étoiles E. Ces étoiles en fonte divisent le sol en se renvoyant les mottes l'une à l'autre, et par une espèce de friction dans le sens des axes où elles se trouvent côte à côte, et par projection dans le sens du tirage qui s'effectue par une chaîne double GG, se réunissant au crochet de traction.

Lorsque la terre a été soulevée par les cultivateurs et les herses, et que le terrain n'est pas humide, cet outil écrase bien les mottes et ameublit le terrain. On transporte la herse aux champs sur un petit chariot à deux roues, muni à l'arrière de deux fourches qui s'emmanchent sur l'arbre A B et rendent très faciles le déchargement et le chargement de l'outil.

Rouleaux. Il ne suffit pas toujours de diviser les mottes laissées sur le sol par la charrue ou le cultivateur. Ces mottes durcies ne peuvent être pénétrées par la dent de la herse, et il faut les aplatir et les briser. L'instrument qui produit ce résultat est le rouleau dont les dimensions et les formes varient avec les travaux à

Fig. 14. — Herse Écrouteuse-Émotteuse Bajac.

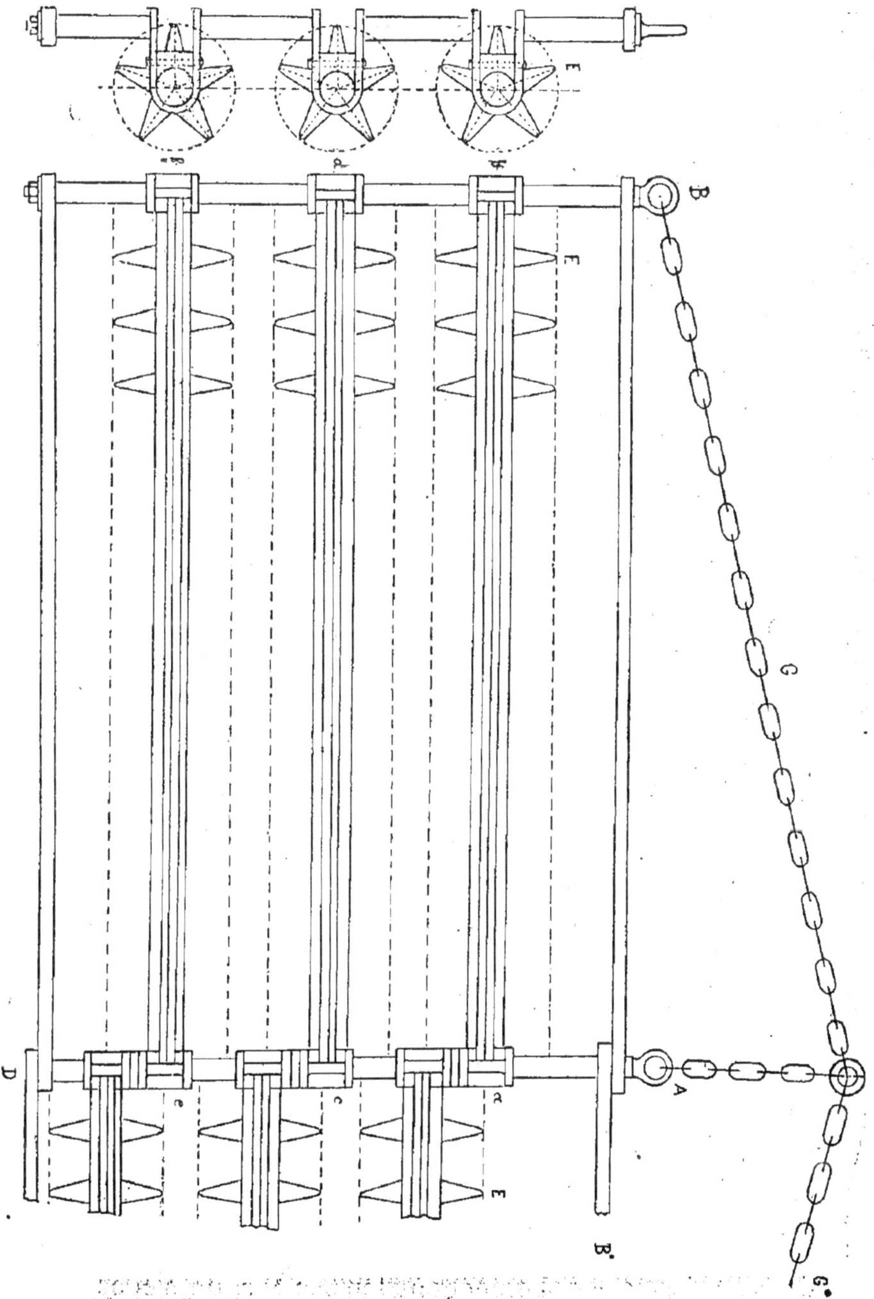

exécuter. Il sert aussi à réunir les molécules de terre trop soulevées par les hersages successifs.

Les rouleaux les plus simples sont ceux dont la surface extérieure est unie. Dans beaucoup de fermes de l'Ouest et du centre de la France, ce ne sont que des troncs d'arbres mal équarris ; dans les exploitations du midi, des cylindres de pierre. Ces instruments sont grossiers, les premiers trop légers, les seconds trop lourds. Aujourd'hui on fait les rouleaux en tôle ou en fonte, et on les constitue avec une série de tambours creux supportés par des tourillons fixés sur des moyeux traversés par un arbre. Les moyeux *a b* de ces tambours fig. 15) ont un diamètre supérieur à celui de l'arbre qui les supporte, ce qui permet à chaque tambour d'agir de tout son poids sur le sol indépendamment des autres, et par conséquent d'épouser les formes du terrain.

Lorsque chacun des éléments de rouleau est un peu large, il vaut mieux avoir un nombre pair de disques indépendants, cela permet à l'instrument de tourner sur place sans produire d'affouillements.

Dans beaucoup de localités on installe au-dessus des rouleaux des bâtis munis de brancards ou de timons, et ce système a son avantage dans les pays accidentés ; mais l'action des outils ainsi montés est un peu amoindrie par le tirage des animaux qui tend à soulever l'instrument, aussi je préfère les rouleaux (fig. 15) placés entre des cadres en fer plat A B C D E embrassant l'arbre M N, et supportant l'avant-train par deux petites roues *r*, deux graisseurs *g* empêchent l'arbre M N de s'échauffer

Fig. — Rouleau lisse à disques indépendants.

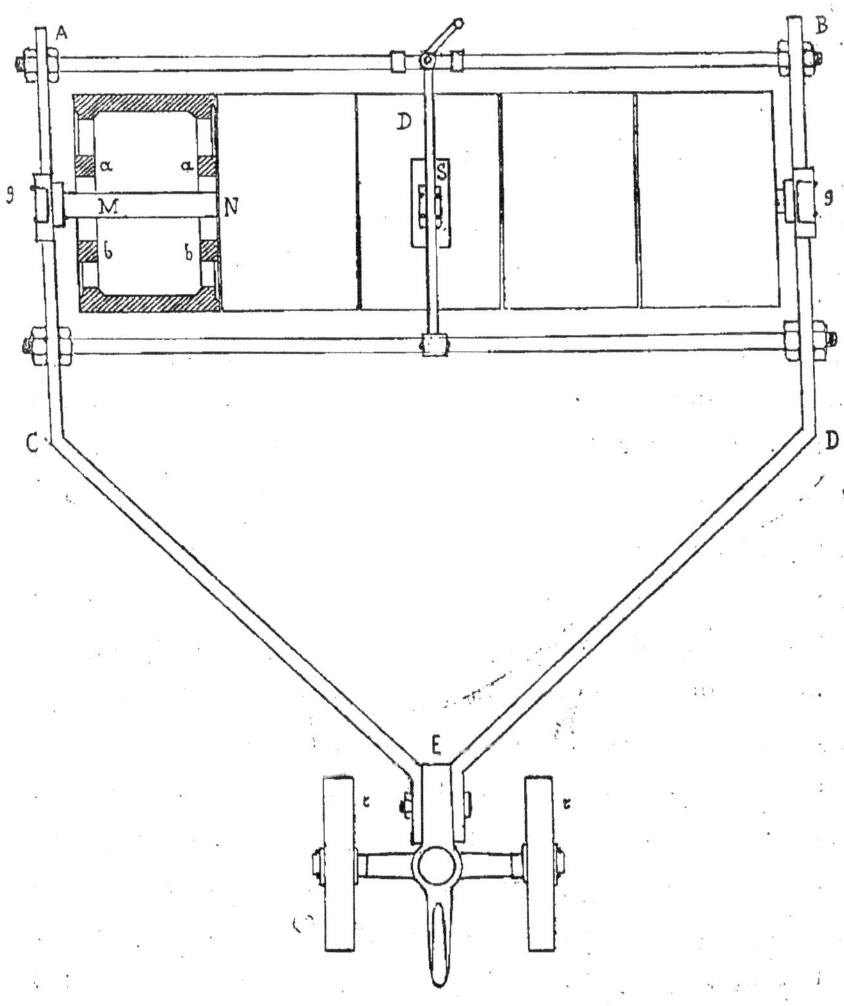

et de gripper. Dans les descentes, un sabot S, manœuvré à l'arrière par une vis et une manivelle, fait frein sur le disque du milieu D. Je trouve qu'il serait prudent d'entourer la partie supérieure des rouleaux d'une grille protectrice empêchant que l'on puisse s'asseoir sur l'instrument au repos, le nombre des enfants écrasés par le départ brusque d'un rouleau étant malheureusement assez grand.

Dans les pays où l'on cultive encore en billons, on peut se servir de rouleaux en fonte formés de deux ou trois tambours spéciaux présentant une partie creuse qui embrasse chaque billon.

Enfin on a préconisé l'emploi de rouleaux plombeurs en tôle, sortes de cylindres étanches que l'on peut remplir d'eau ; on obtient ainsi des instruments très lourds, tassant fortement le terrain, mais le poids de l'outil enfonce les mottes dures dans le sol sans les désagréger, et on arrive en pratique à de meilleurs résultats en faisant passer deux fois sur le terrain un rouleau moitié moins lourd. De toute façon, lorsqu'on rencontre des mottes durcies émergeant d'un sol encore humide dans le fond, les rouleaux lisses ne font qu'enfoncer ces mottes sans les casser. On ne peut complètement les briser qu'à l'aide de disques présentant une série d'aspérités. C'est un Anglais, Crosskill qui a donné le premier une solution pratique au problème, en créant un outil composé d'une série de disques en fonte indépendants, de forme particulière, tournant très librement dans un arbre supporté aux deux extrémités par un bâti (fig. 16).

Les disques portent à la circonférence et sur le côté des saillies. Ils sont de diamètres différents, un grand alternant avec un plus petit. Quand le rouleau marche, les petits disques frottent constamment sur les faces latérales des grands et pulvérisent les mottes qui se sont glissées dans l'appareil.

Fig. 16. — Disques de Crosskill.

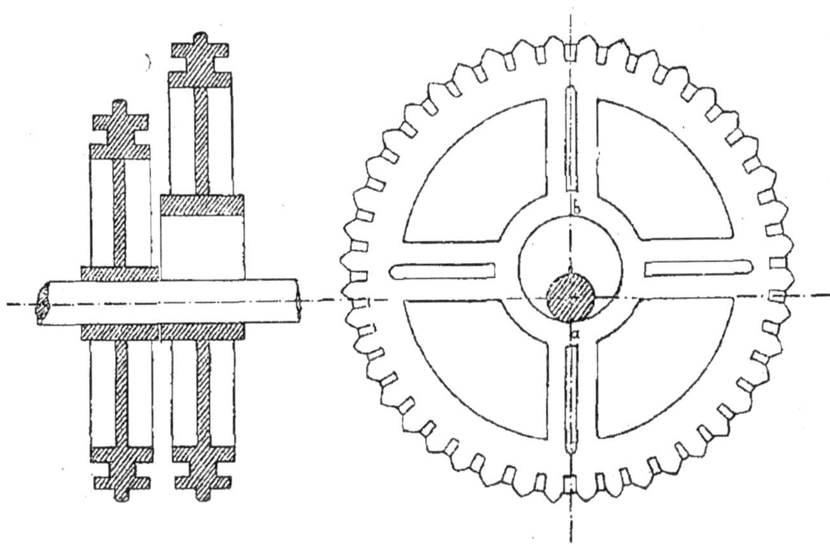

Ces Crosskill sont généralement montés sur des supports en fonte, réunis à la partie supérieure par des traverses portant des brancards ou un timon qui permettent aux attelages de retenir l'instrument dans les descentes ; mais dans le pays plat la monture en bâtis triangulaires semblables à ceux du rouleau est préférable ; on peut même avec cet outil descendre des pentes faibles en employant le frein de MM. Amiot et Bariat.

Cet appareil (fig. 17) se compose d'une tige portant un double sabot S S, articulé en arrière de l'axe a a des deux roues d'avant-train. Quand l'appareil se trouve dans une montée, la traction fait lever les sabots S (tracé en pointillé), quand au contraire il descend une pente, il va plus vite que les animaux qui n'exercent sur lui aucune action, et les patins font frein sur les roues.

Les rouleaux Crosskill coûtent assez cher ; aussi a-t-on cherché pour les moyennes exploitations à les remplacer par des rouleaux munis de disques dont la jante présente une section courbe formant boudin saillant. Ces rouleaux brisent assez bien les mottes, surtout lorsqu'ils sont conduits avec une certaine vitesse. Cette vitesse à la circonférence, qui projette les mottes, a même une si grande influence, que j'ai vu des rouleaux à disques tirés par un appareil à vapeur à une vitesse de 1^m 50 par seconde briser des mottes qu'un Crosskill, trainé par des chevaux, n'avait pu réduire. Dans ces appareils, les rouleaux R R (fig. 18) sont au nombre de deux, supportés par des arbres retenus de chaque côté entre des traverses *t t* en fer en ⌐⌊_⌋⌐. Ces arbres ne sont pas dans le prolongement l'un de l'autre, afin que les rouleaux chevauchent l'un sur l'autre et ne laissent pas entre eux de trace non roulée. Les traverses sont reliées au moyen de brides à de grands palonniers P, attachés par des chaînes à un bâti en fer supporté par quatre roues ; ces roues sont montées deux à deux sur des chevilles ouvrières qui, à l'aide des volants, permettent de diriger l'instrument tiré par les câbles, soit dans un

Fig. 17. – Frein pour avant-train de Crosskill.

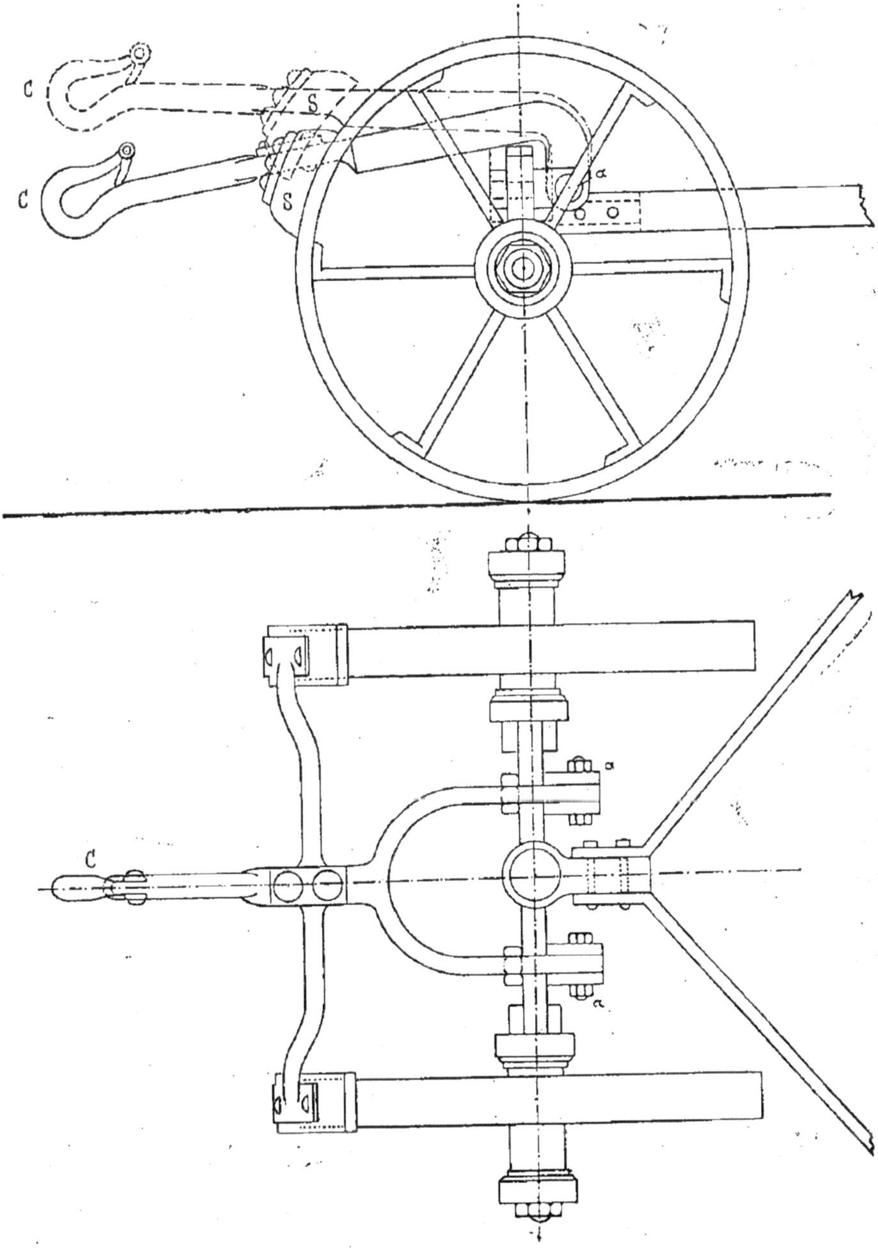

sens, soit dans l'autre. Les rouleaux ondulés ont aussi l'avantage sur les rouleaux lisses de ne pas former sur le sol, lorsqu'une pluie survient après le roulage d'une semence, des croûtes d'une certaine épaisseur qui empêchent la pénétration de l'air et arrêtent la végétation.

Fig. 18. — Rouleaux ondulés à vapeur.

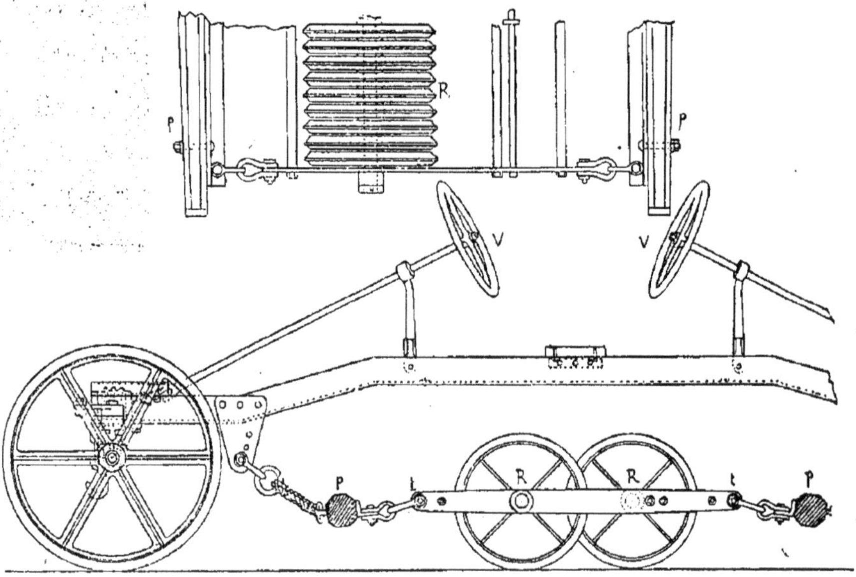

Enfin dans certaines terres argileuses assez humides au printemps, puis brusquement desséchées par un vent du nord ou de l'est, il reste, après le passage des herses, des rouleaux lisses ou des Crosskill, des mottes plus ou moins grosses, sèches à la partie supérieure, humides au centre, qui roulent indéfiniment sans se désagréger. Pour arriver à réduire ces mottes, il faut les trancher, et les socs en lames de couteaux montés sur les cultivateurs, qu'on emploie pour régénérer les prairies, peuvent aider à triompher de ce sol rebelle ; mais dans ce cas, l'instrument qui déchire le mieux les mottes, est le rouleau à disques coupants construit par M. Pétillat. Les disques de ce rouleau (fig. 19), sont fixés sur des axes séparés, maintenus sur un bâti en forme de triangle, suivant bien les ondulations du terrain et favorisant la pénétration dans le sol ; mais le graissage de chacun de ces axes porte-disques est presque impossible, aussi s'usent-ils assez vite. Il y a là une amélioration à apporter dans la construction de cet outil dont le travail est excellent.

Fig. 19. — Disque Petillat

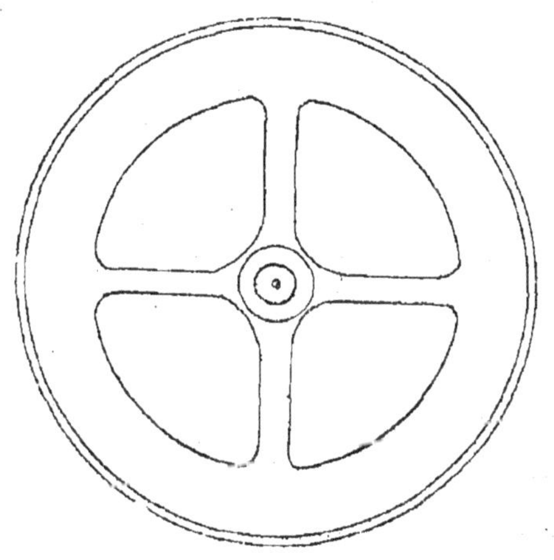

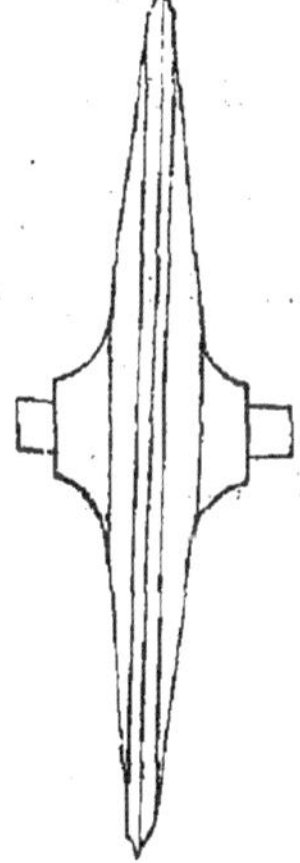

Les nombreux instruments dont on se sert pour l'ameublement superficiel d'une terre, que j'ai indiqués sommairement, ont chacun leur emploi particulier dans les différentes phases de préparation du sol, mais la dépense d'achat de la série de ces outils ne laisse pas que d'être très considérable. Aussi les Américains ont-ils cherché à les remplacer par un seul auxquels ils ont donné le nom de *Pulvériseur*. Cet instrument est formé par des disques un peu bombés vers le milieu, supportés par un axe médian ; généralement l'axe qui supporte les disques est en deux parties, faisant entr'elles un angle obtus que l'on peut modifier suivant les besoins du travail. Les arbres des disques soutiennent deux caisses, destinées à charger plus ou moins l'appareil pour augmenter ou diminuer sa pénétration dans le sol. Un bâti portant un siège et un timon, réunit le tout. Cet instrument devait remplacer la herse les rouleaux lisses et Crosskill. Les essais qui en ont été faits à Grand-Jouan, n'ont pas été favorables. Il enterre très mal les semences qu'il projette inégalement, en détruisant la distribution des graines faite à la main ou au semoir. Lorsque la terre est humide, il fait des traces sur le sol sans le diviser ; quand elle est sèche il soulève une poussière énorme, et allégit trop le terrain ; il laisse entre les deux séries de disques un bourrelet non travaillé.

J'aurais voulu, en terminant cette étude des instruments destinés à l'ameublissement superficiel du sol, donner des indications sur le travail produit par chaque outil et des courbes de prix de revient comme je l'ai fait pour les charrues. Les écarts considérables des résultats obtenus pour les moteurs animés dans de nombreuses expériences m'ont empêché de publier ces résultats. J'ai cherché les causes de ces divergences et je crois les avoir en partie trouvées. Les cultivateurs-extirpateurs, les herses et surtout les rouleaux, exigent au moment de la mise en marche un effort sensiblement moins grand que les charrues, il en résulte que les animaux de trait, surtout les chevaux, démarrent avec une certaine vitesse d'allure, qu'ils maintiennent assez volontiers lorsqu'ils sont poussés par le conducteur ; mais bientôt les charretiers manquent de vigilance, et les attelages habitués au train de la charrue reprennent la vitesse de marche du labour. Je signale tout particulièrement cette situation aux agriculteurs. J'ai été plusieurs fois étonné, après avoir mesuré la vitesse des animaux, à la herse par exemple, et établi d'après cela le temps nécessaire pour terminer un champ, de ne voir le travail de ce champ exécuté que dans un temps bien plus long que celui que j'avais calculé ; j'accusais même de bons conducteurs de s'être reposés pendant une partie de la journée ; mais j'ai bientôt reconnu, en me dissimulant derrière une haie pour suivre le travail, que l'allure des animaux au début de 1^{m} à 1^{m} 10 par 1'' tombait à 0,70 et même 0,60 pour les chevaux de gros traits. Il faudrait avoir des animaux plus légers pour ces travaux, et ce n'est pas pratique. Toutefois, l'agriculteur pourra apporter dans la distribution du travail certaines conditions favorables, par exemple réserver autant que possible les forts chevaux et les bœufs pour les labours, les chevaux légers habitués à trotter pour les hersages et roulages.

Succession des opérations pour la préparation mécanique du sol. — J'ai examiné les différents instruments destinés à la préparation mécanique du sol, charrues, cultivateurs, herses, rouleaux ; je me suis attaché à établir le rôle de chacun d'eux et la manière de tirer le meilleur parti de ces outils en les plaçant dans les conditions les plus appropriées à leur fonctionnement ; mais je tiens en terminant ce chapitre à insister sur l'importance qu'il y a pour le cultivateur à bien choisir le moment où ces machines doivent opérer sur le sol, pour obtenir l'état du terrain le plus favorable au développement de la plante qu'on veut lui confier.

Dans une grande partie de la France les travaux de préparation du sol pour recevoir à l'automne des plantes qui doivent hiverner dans une végétation presque nulle, sont très simples. Il faut que la plante soit confiée à un terrain débarrassé d'herbes, et on obtient ce résultat, pour le blé par exemple, dans des pays pauvres par une série de labours d'été suivis de hersages qui exposent les racines des plantes parasites à l'action destructrice des ardeurs du soleil, dans les pays riches en semant le blé sur un seul labour après une plante sarclée, betteraves, pommes de terre, etc. Ce travail mécanique ne présente pas en lui-même de grandes difficultés ; de bonnes charrues, des herses simples, des rouleaux ordinaires suffisent pour bien préparer la terre, car les alternatives de soleil et de pluie viennent favoriser l'action des outils. On n'a pas d'ailleurs besoin de trop ameublir le sol, au moins superficiellement, car les quelques mottes qui restent servent à protéger le blé contre les rigueurs de l'hiver et permettent au printemps d'effriter la terre qui les compose désagrégée par la gelée sur les pieds déchaussés du blé, au moyen de l'action combinée de la herse et du rouleau.

Il n'en est pas de même pour les semailles du printemps, surtout en ce qui concerne les plantes sarclées, les betteraves par exemple. Si l'on a pu labourer convenablement le terrain avant l'hiver dans les pays où il gèle régulièrement et le désagréger profondément, l'ameublissement du sol ne présente pas de difficultés ; mais avec les nombreux travaux dont l'agriculteur est surchargé à l'automne, et les hivers précoces qui viennent quelquefois le saisir brusquement, il est rare qu'il puisse effectuer tous les labours profonds avant les gelées. Il faut donc procéder dans un court laps de temps au labour et à l'ameublissement du sol, ameublissement qui doit être d'autant plus grand aujourd'hui qu'on se sert beaucoup comme engrais de matières pulvérulentes riches ; en effet ces matières, pour produire leur effet, doivent faire corps avec les molécules d'un sol extrêmement divisé. Dans certaines conditions atmosphériques ce travail devient excessivement difficile. La préoccupation où se trouve le cultivateur d'opérer ses semailles en temps voulu, le porte à commencer à travailler sa terre le plus vite possible, souvent quand elle est encore très humide. Si le terrain est argileux ou silico-argileux et qu'il manque un peu de calcaire, il arrive que la charrue soulève de gros tire-bouchons continus de terre compacte, mettant souvent à l'air, par des labours progressivement approfondis, des portions argileuses non encore désagrégées par les outils ou les racines des plantes. Quand par malheur, comme cela arrive souvent, un vent du nord ou du nord-est sèche brusquement la partie supérieure du labour, l'ameublement complet du sol présente de sérieuses difficultés. Il y a vingt-cinq ou trente ans, ce travail était presque impossible à effectuer, et il fallait souvent attendre qu'une pluie vînt désagréger le sol en quelque sorte pétrifié. Aujourd'hui les outils sont si puissants, leur action si variée et si complète, qu'on peut, par une série d'opérations, venir à bout des terrains les plus rebelles. Toutefois les animaux qui pénètrent dans ces labours brusquement séchés à la surface, fatiguent beaucoup, d'abord parce que leurs pieds tombent dans les trous et fentes qui se forment entre les bandes de labour non désagrégées, et surtout à cause des secousses produites par les instruments qui pénètrent inégalement dans le sol et travaillent par soubresauts. Pour ce premier dégrossissement du terrain, j'estime que la herse extensible Bajac peut rendre des services. En plaçant les dents très écartées, on fait un premier travail d'aplanissement qui va en augmentant d'intensité au fur et à mesure qu'on les rapproche; le cultivateur peut alors opérer utilement pour déchirer les bandes de labour, avec les herses, les rouleaux, les Crosskill. Ces instruments, en passant successivement en long et en travers du champ, ameublissent le sol. Toutefois il y a un moment où tous ces outils n'agissent plus, il reste des mottes qui, sèches à la partie supérieure, restent humides à l'intérieur; les herses les déplacent, les rouleaux les aplatissent, les Crosskill y enfonçent leurs disques sans les désagréger. Impossible de semer des betteraves dans un pareil sol; conducteurs et bêtes sont sur les dents, le cultivateur se désole. C'est dans ce cas que le rouleau à disques de M. Pétillat peut être employé avec succès; en passant cet instrument en long et en travers dans le champ, on forme une série de prismes très minces, qu'un dernier coup de herse désagrège complètement.

Avec l'aide de tous ces outils, l'agriculteur peut se rendre maître de sa terre, mais il doit connaître à fond la valeur des armes dont il dispose et savoir les employer. Il devient un vrai chef d'armée qui court à la conquête d'une terre rebelle. La charrue forme ses gros bataillons, qui attaquent de front l'ennemi, les cultivateurs et les Crosskill sont les troupes fraîches qui viennent au secours de la charrue, les herses les rouleaux représentent la cavalerie légère qui détermine la victoire, et la semence germe et se développe victorieuse sur le terrain conquis.

Chapitre II

Distributeurs d'engrais

Au commencement du siècle on ne connaissait guère qu'un moyen de restituer au sol les matières fertilisantes enlevées par les plantes ; c'était d'y enterrer les fumiers produits par les litières arrosées des déjections des animaux ; quelquefois, quand le fumier manquait, on enfouissait par un labour des plantes spéciales, qu'on appelait *engrais verts*. Enfin lorsque ces deux engrais faisaient défaut, on laissait reposer la terre par la jachère, en la labourant, pour débarrasser le terrain des herbes parasites, et aussi, dans les pays chauds ou dans nos climats pendant l'été sous l'influence des pluies orageuses, pour l'enrichir d'une petite quantité de matières azotées. Les exploitations se suffisaient presque, n'exportant guère que du blé et conservant soigneusement sur la ferme les bestiaux qui y étaient élevés ; mais les facilités de transport, augmentées par la création des chemins de fer, ont modifié complètement les conditions économiques. L'ouvrier s'est porté vers les villes, ou a été employé aux travaux publics, la main-d'œuvre est devenue plus rare, les impôts ont augmenté ; il a fallu faire produire plus à la terre, supprimer en partie la jachère, et exporter une plus grande quantité de produits.

Pour remplacer cette exportation, il fallait trouver des moyens de restituer au sol ce qu'il avait perdu. Liebig s'était occupé de cette grave question, mais il n'en avait saisi qu'un côté et ne s'était pas rendu compte du rôle prédominant de l'azote dans la végétation. La découverte des gisements de guano dans les îles voisines du Pérou a, par son apport de matières fertilisantes, contribué à améliorer la situation, et engagé le cultivateur à suppléer par ces engrais pulvérulents à l'insuffisance des fumiers; mais la richesse de ces guanos était loin d'être constante et le prix uniforme de la marchandise n'était pas toujours en rapport avec la valeur agricole du produit livré. Toutefois la réussite de ces engrais attira l'attention des savants et des chercheurs. Laws et Gilbert à Rothamstedt en Angleterre créaient ces admirables champs d'expérience qui ont transformé la culture moderne, en faisant l'analyse du terrain par les plantes elles-mêmes. M. Georges Ville, avec sa fougue méridionale, son ardeur entraînante, vulgarisait ces grandes découvertes, donnait un corps à ces résultats, en tirait des conséquences, et proclamait que le sol n'est qu'un vase inerte, support des racines des plantes, et qu'en y mettant les matières nécessaires à leur végétation, ces plantes peuvent s'y développer sans le secours du fumier. La question posée sur ce terrain trop radical effraya les agriculteurs; supprimer le fumier, brûler les pailles, quelle folie! et les vieux cultivateurs de rire, de hausser les épaules, de traiter le nouveau venu de charlatan. Le temps, l'expérience, la nécessité de produire sont venus modifier les opinions, mais il faut reconnaître que M. Georges Ville avait été trop loin ; la grande culture ne ressemble pas à celle qui est faite dans les pots de fleurs, et il n'est pas aussi facile de répandre des engrais sur des centaines d'hectares que sur quelques centimètres carrés. Enfin lorsqu'on emploie des produits constituant des engrais riches, d'un faible poids par rapport au poids total des terres où évoluent les racines des plantes, il faut que ces produits puissent s'incorporer dans tout le sol, et pour cela trois conditions sont nécessaires. — 1° Donner au sol ces façons multiples pour le bien diviser.— 2° Trouver dans le sol ou y incorporer les matières fertilisantes en poudre fine.— 3° Les répandre également sur le sol à la profondeur la plus favorable pour leur meilleure assimilation par les plantes.

Les procédés mécaniques que j'ai décrits dans le premier chapitre de ce volume permettent maintenant d'obtenir cette division indispensable du terrain ; l'emploi d'amendements convenables apporte au sol les moyens d'assimilation. La troisième condition ne peut guère être obtenue par l'épandage à la main des engrais minéraux. Un agriculteur soucieux d'obtenir le meilleur effet de ces matières qui constituent un gros déboursé, doit d'abord les écraser très menu, à l'aide de broyeurs convenablement disposés, puis les étaler sur le terrain avec des instruments spéciaux auxquels on a donné le nom de semoirs, ou mieux de *distributeurs d'engrais*.

Les dispositions des distributeurs d'engrais ont beaucoup varié, et pendant longtemps les instruments livrés à l'agriculture étaient si imparfaits qu'on préférait faire épandre les engrais à la main, bien que ce travail pénible pour les ouvriers ne put s'effectuer que par des temps calmes ; un vent un peu violent dispersant inégalement la matière et la faisant pénétrer dans les yeux des ouvriers, qui en étaient fort incommodés. Les semoirs Garrett, Smyth, Josse se détérioraient rapidement et semaient inégalement ; les rouleaux du semoir Couteau, mieux compris, s'encrassaient vite. Le problème n'a été vraiment résolu que par l'emploi d'un rouleau spécial formé de minces tiges de fer disposées en hélice sur un cylindre central qui, animé d'un mouvement circulaire continu, projette sans s'encrasser l'engrais dans une trémie sans fond qui le dirige dans sa descente sur le terrain. On donne à ces cylindres le nom de *Hérisson*. Cet instrument a été importé d'Allemagne par M. Faul qui les fait construire maintenant en France. MM. Hurtu et Emile Puzenat en livrent à l'agriculture, qui ne diffèrent de ceux de M. Faul que par des détails de mécanisme.

La caisse (fig. 20) où se place l'engrais est en deux parties, l'une A est mobile, l'autre B fixe. Le Hérisson H (position 1) est au commencement de l'opération à la partie supérieure de la caisse. L'appareil en marche, par des engrenages actionnant le Hérisson et la caisse mobile, cette caisse mobile A monte graduellement en frottant contre B par l'action du pignon *b* sur la crémaillère a, au fur et à mesure de l'avancement de l'instrument sur le sol ; A peut monter plus ou moins vite en modifiant les engrenages de commande recevant le mouvement d'une des grandes roues de l'instrument, ce qui permet de faire varier suivant les besoins la quantité d'engrais à semer à l'hectare. Dans ce mouvement ascensionnel l'engrais à épandre se présente constamment au Hérisson, dont les dents sont alternativement à bouts arrondis ou aplatis en palette, afin que tantôt il divise, tantôt il entraîne et projette la matière du côté extérieur de B contre une espèce de paravent C qui empêche l'engrais d'être dispersé par le vent et le force à descendre dans ce couloir sur toute la largeur du distributeur.

Lorsque la caisse A (position 2) est arrivée au bout de sa course elle ne renferme plus d'engrais, et si le Hérisson continuait à tourner, il frotterait sur le fond de la caisse et se briserait. Pour éviter cette rupture, entr'autres systèmes, M. Emile Puzenat a appliqué à son appareil un débrayeur automatique de l'arbre du pignon commandant la crémaillère de la caisse mobile, qui est simple et ingénieux. Cet arbre reçoit le mouvement par un manchon d'embrayage que l'on peut débrayer à la main ou bien à l'aide de l'arbre supérieur *k*, portant d'un côté un talon *t*, de l'autre une petite carre *p*, qui s'engage dans les rainures d'une hélice *h*. Le développement de cette hélice correspond à la hauteur de la course de la caisse et sa rainure finit brusquement, de telle sorte que la carre *p* ne pouvant plus continuer à s'y engager est repoussée ainsi que le talon *t* solidaire avec elle sur l'arbre *k* ; ce talon *t* ainsi repoussé

Fig. 20

Distributeur d'engrais à hérisson & caisse mobile.

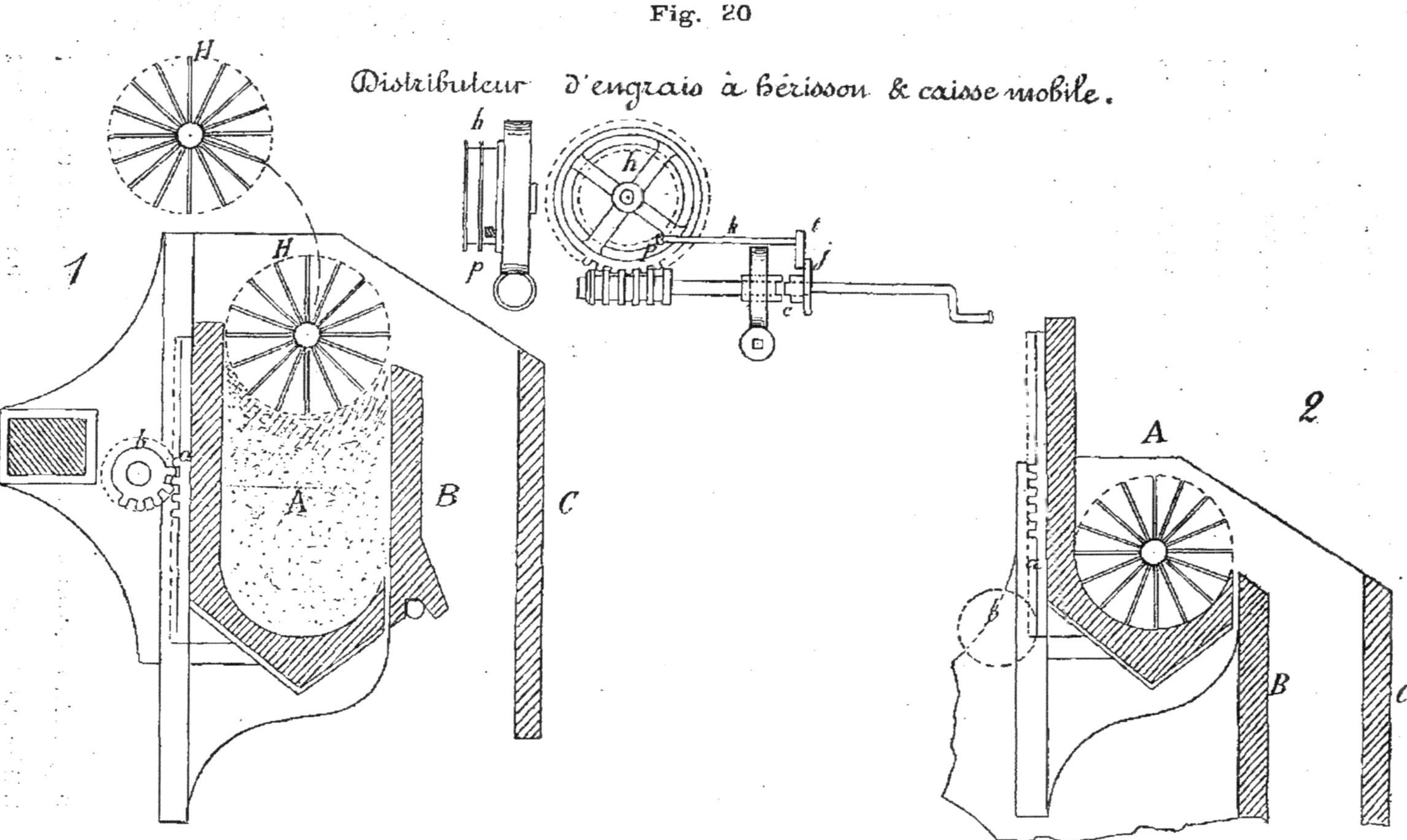

agit sur la joue *j* de l'embrayage qui, n'étant plus pris dans les mâchoires du manchon des engrenages de commande, arrête le mouvement de la caisse. Ce petit mécanisme préserve d'une manière sûre de tout accident, dans le cas où le charretier continuerait à faire marcher le cheval la caisse une fois vide.

M. Rigault se sert aussi du Hérisson dans son nouveau distributeur d'engrais ; mais, à l'inverse des appareils que je viens de décrire, c'est la caisse qui est fixe et le Hérisson qui descend au fur et à mesure que la caisse se vide (fig. 21 et 22). La caisse A est fermée sur quatre de ses côtés, le cinquième côté vertical est formé par un volet ou trappe mobile B. La descente du Hérisson et du volet s'opère par l'action du poids de ces pièces. Voici comment la roue motrice D transmet les différents mouvements nécessaires à la marche du distributeur. Cette roue entraîne dans son mouvement de rotation un engrenage E par l'intermédiaire d'un embrayage *b* composé d'une fourchette *c* et d'un encliquetage faisant corps avec le moyeu de la roue D. Sur E passe une chaîne de galle munie d'un tendeur entraînant G, pignon du Hérisson, et la roue H qui opère la descente de ce Hérisron dans la caisse par un mécanisme ingénieux. L'axe *g* du pignon G traverse un des côtés prolongés de la caisse du distributeur et transmet le mouvement à une roue I portant la chaîne de galle *f* au moyeu de deux joints à la cardan *e*; *f* entraîne le Hérisson par une roue I' (fi. 21). L'arbre *g*' portant les joints à la cardan est télescopique, afin de pouvoir, lorsque le Hérisson descend dans la

Fig. 21

Distributeur d'engrais Rigault à caisse fixe

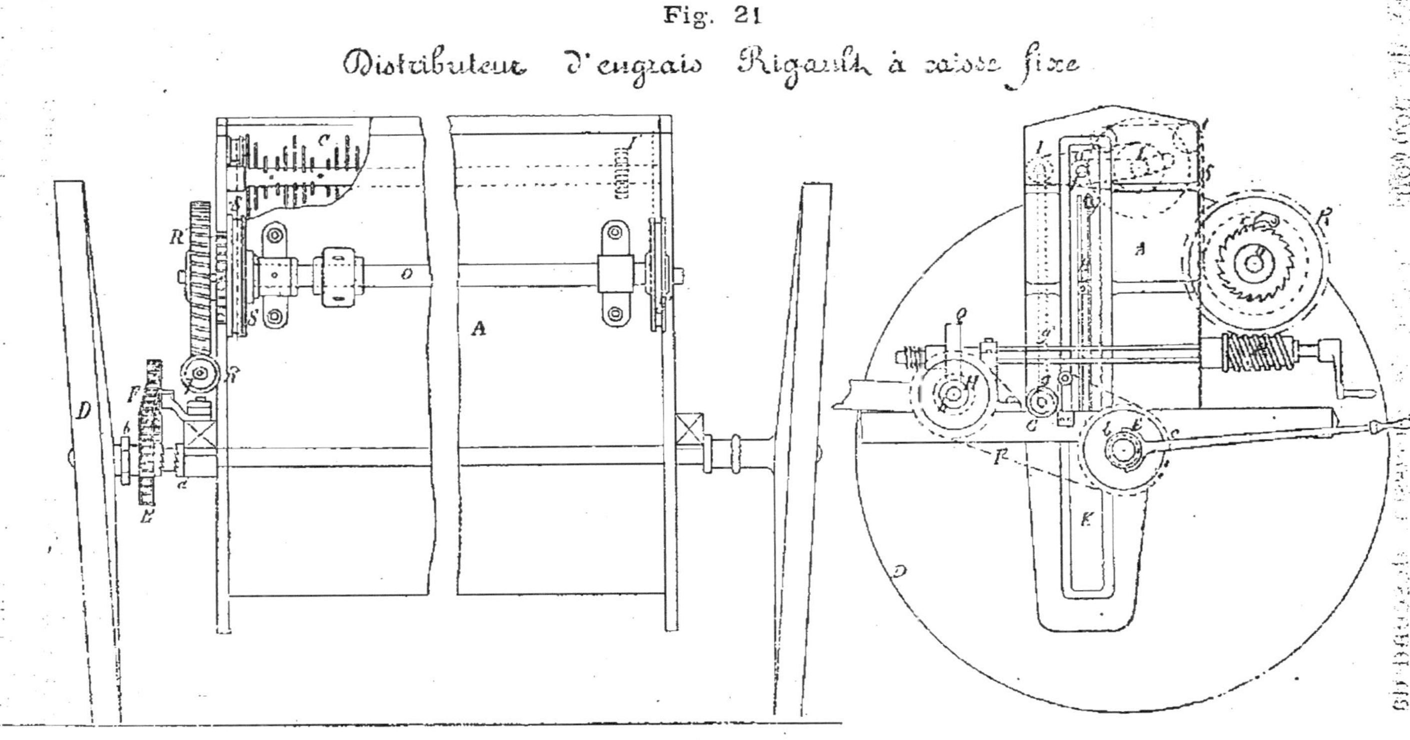

caisse passer de la position oblique primitive à la position horizontale de la fin de la course. L'arbre h de la roue H porte à son extrémité un pignon p commandant le plateau à série d'engrenages concentriques, entraînant un pignon p' fou sur l'arbre h ; p' est terminé par une vis sans fin actionnant une roue héliçoïdale, en contact par un ressort avec un encliquetage calé sur l'arbre de cette roue. A son autre extrémité cet arbre porte une vis sans fin R, et se termine par une carre où l'on peut placer une manivelle.

La roue R' commandée par la vis R entraîne son axe o au moyen d'un cliquet et d'un rochet r. L'axe o supporté à l'arrière de l'appareil par deux paliers, s'étend sur toute la largeur de la caisse ; il porte à ses deux extrémités deux poulies S et S' munies de chaînes formant treuil. Les chaînes qui entourent les poulies SS' s'élèvent le long de la paroi de la caisse, passent sur les galets t et viennent s'attacher au volet B. L'action du cliquet, et par suite de tout le mécanisme n'a pour but que de retenir la descente du volet et du Hérisson ; elle devient nulle lorsque le volet et le Hérisson sont à bout de course et n'exercent aucune tension sur les chaînes, le cliquet q glisse sur le rochet du treuil SS, et le mouvement du Hérisson s'arrête de lui-même.

Enfin je veux insister sur les procédés très précis employés par M. Rigault pour faire varier la descente et la vitesse du Hérisson. Il se sert d'un plateau à dentures concentriques, employé par M. Gautreau dans son semoir à grains. Un exemple fera comprendre les combinaisons

Fig. 22

Distributeur d'engrais Rigault, à caisse fixe

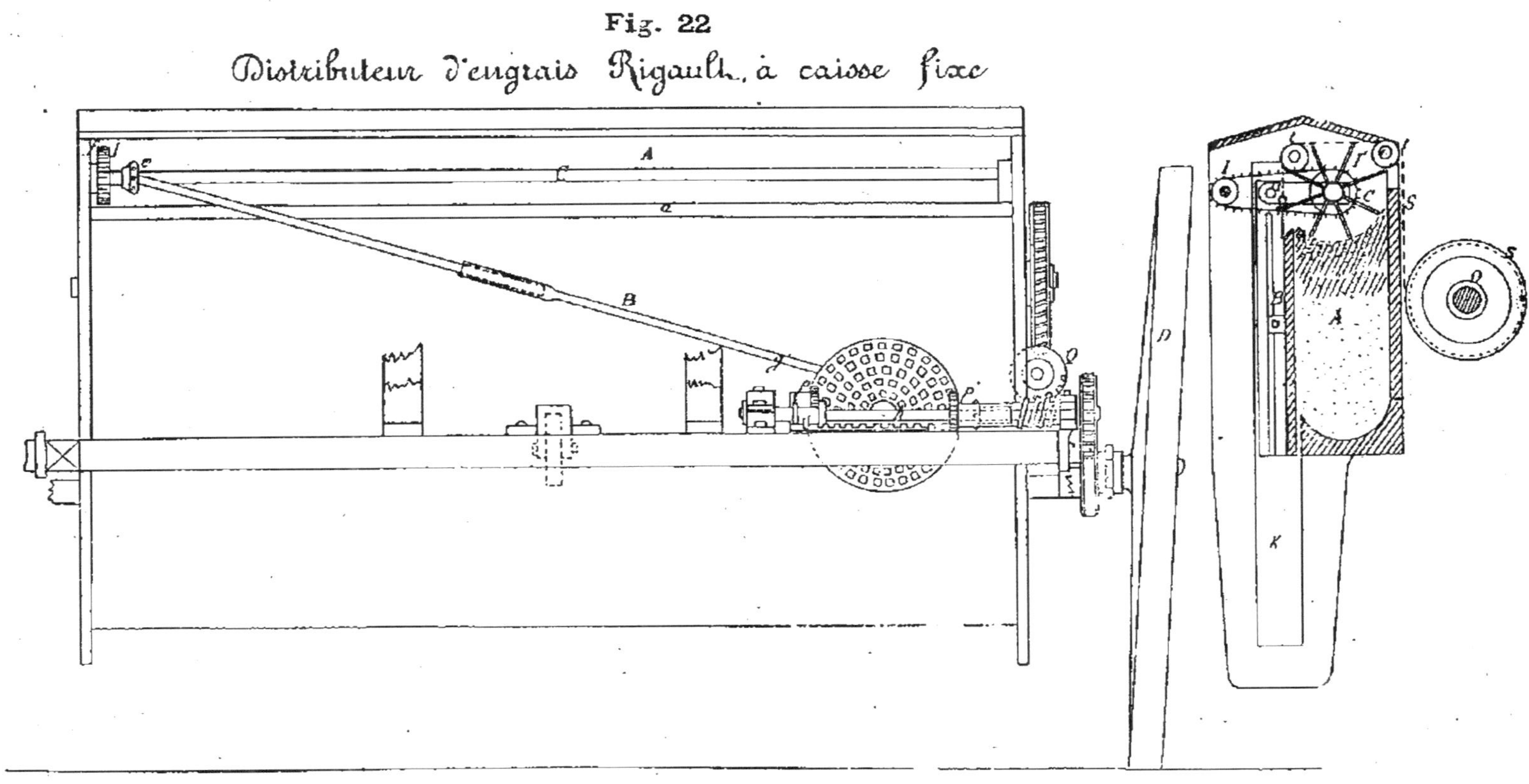

multiples auxquelles on arrive par ce système ; supposons sur le plateau des dentures de 17, 21, 25, 29, 33 et 37 dents et 9 dents sur les pignons ; lorsque p commande la roue extérieure de 37 dents, et p' la roue intérieure de 17 dents, on a le rapport

$$\frac{p'}{p} = \frac{37}{17} = 2,18$$

En déplaçant p sur les cinq couronnes qui restent, et en laissant p' sur la même on obtient cinq autres vitesses différentes dont la dernière donnera le rapport

$$\frac{p'}{p} = \frac{17}{17} = 1$$

En laissant p sur la couronne de 17 dents, et en faisant engrener p' successivement avec les six couronnes, on part du rapport égal à l'unité, et en passant par quatre autres vitesses différentes on arrive au dernier rapport

$$\frac{p'}{p} = \frac{17}{37} = 0,48$$

Outre les 17 vitesses différentes que je viens de signaler, on en obtient 20 autres en déplaçant le pignon p successivement sur les quatre couronnes intermédiaires, soit en tout 31 combinaisons de vitesse variant de 2,18 à 0,48.

Dans certains cas lorsqu'on veut répandre de grandes quantités d'engrais, on peut doubler les différents débits en remplaçant H par une roue d'un diamètre moitié plus petit. Pour arrêter le mécanisme du distributeur, dans le transport par exemple, on ne fait plus engrener le manchon de E avec la roue porteuse en agissant sur le débrayage c. Enfin lorsque la caisse est vide, on remonte le Hérisson à l'aide d'une poulie munie de mortaises à sa circonférence dans lesquelles on introduit un levier pour enrouler les chaînes du treuil.

Je me suis étendu un peu sur la description du distributeur Rigault, parce que le constructeur s'est appliqué à faire un appareil solide, où l'engrais est constamment présenté aux palettes du Hérisson dans la même position ; en outre les nombreuses variations de vitesse de projection de ce Hérisson permettent d'approcher beaucoup plus que dans les autres distributeurs des quantités qu'on se propose de semer. L'appareil est peut-être un peu lourd, mais il est solide et bien construit.

Le distributeur Boisrenoult (fig. 23 et 24), tout en employant le Hérisson, présente une disposition différente. Cette pièce est en dehors de la caisse, bien à la vue du semeur, et l'engrais est amené en contact avec lui au moyen d'un fond mobile formé de lamelles en bois, mises en mouvement par des chaînes de galle *g*. Ce fond mobile forme la partie inférieure de la caisse A où l'on place l'engrais. La roue motrice R met en mouvement le Hérisson à l'aide des engrenages B *a b*, différents selon les vitesses de débit que l'on veut obtenir ; la roue R' par l'intermédiaire des engrenages coniques c c fait tourner l'arbre sur lequel est calée la vis sans fin V, imprimant par l'engrenage héliçoïdal E un mouvement très lent aux chaînes de galle. L'embrayage des chaînes de gall se fait sur une des roues R à l'aide d'une longue tige T, afin que l'ouvrier puisse les embrayer en même temps que le Hérisson. La vitesse plus ou moins faible de ce fond mobile est obtenue par le changement des vis V en vis à 1, 2 et 3 filets. Cet emploi de vis, dont le nombre de filets varie, agissant sur une même roue héliçoïdale, n'est pas très mécanique ; il doit user la roue et demander un effort plus grand, mais vu le peu de résistance à vaincre, l'inconvénient est moindre. Enfin l'arrivée de l'engrais peut aussi se régler par l'ouverture de la trappe faisant communiquer la caisse A avec la partie du fond mobile où tourne le Hérisson. Des ressorts *r r* empêchent cette trappe de remonter sous la pression du passage de l'engrais; un fer cornière *u* frottant contre le fond mobile le décrasse continuellement.

La caisse étant peu élevée au-dessus du sol, le chargement de l'outil se fait très facilement, le conducteur peut se placer derrière, et tout en surveillant la distribution de l'engrais conduire les animaux. Cet instrument fonctionne bien, et se nettoie facilement les opérations terminées. En effet pour opérer ce nettoyage on n'a qu'à faire tourner à la main les chaînes de galle qui présentent successivement les lames mobiles qu'on peut gratter, de manière à n'y laisser aucune matière attachée, tandis que dans les autres distributeurs, excepté dans le distributeur Rigault qui par une disposition nouvelle peut se vider par le fond, il faut enfoncer la main dans le fond fixe, et il est presque impossible, à moins de passer beaucoup de temps à ce travail de ne pas laisser dans l'instrument une certaine quantité d'engrais, qui y séjournant, finit par faire corps avec les parois de l'outil,

Fig. 23

Distributeur d'engrais Boisrenault à fond mobile.

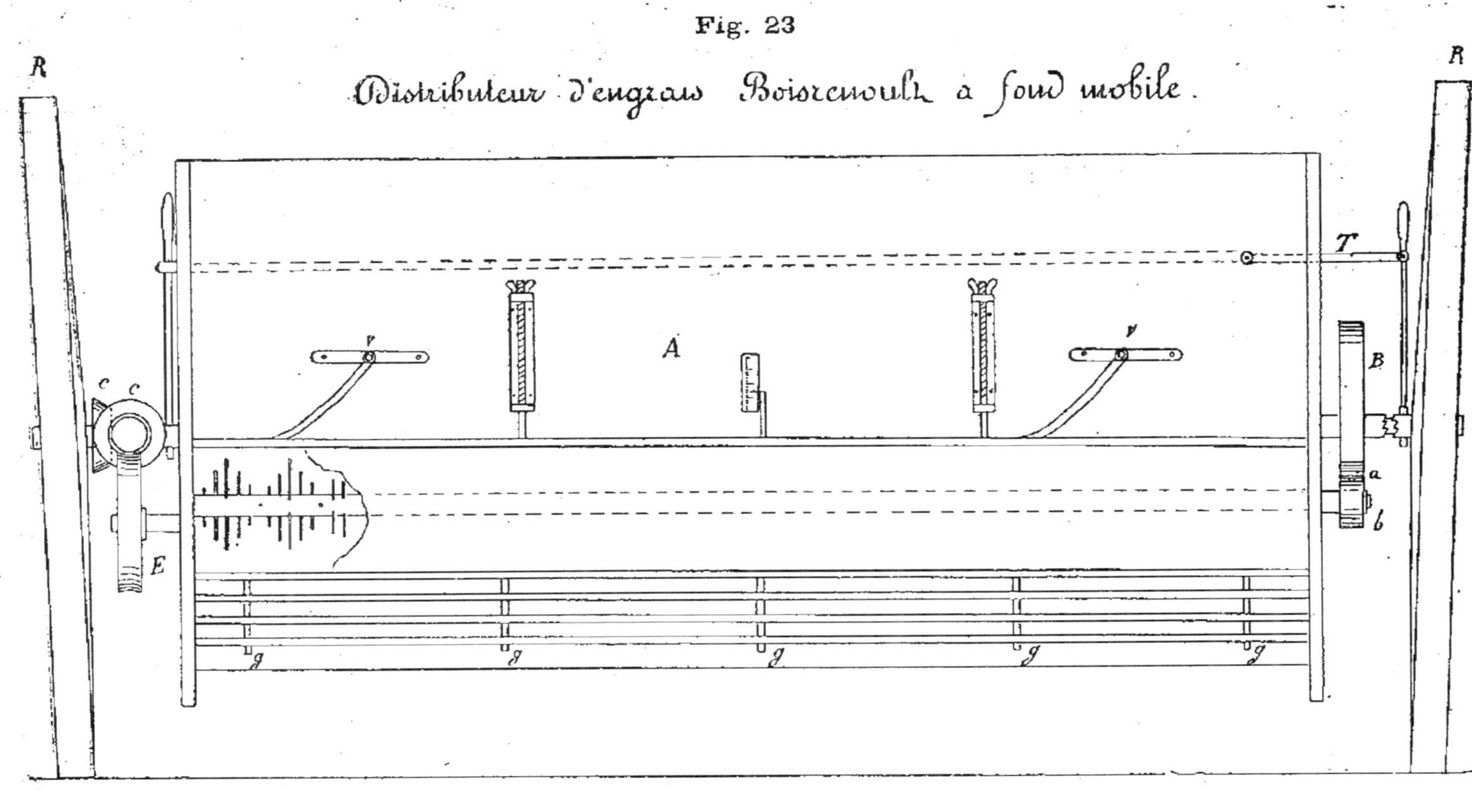

et le détruit promptement. Enfin pour avoir l'épandage désiré à l'hectare, il est important de bien connaitre le poids de l'hectolitre d'engrais, car c'est un volume et non un poids déterminé de matière qui sort par la vanne.

L'inconvénient de tous ces distributeurs est de donner une projection trop forte d'engrais au départ de l'outil, ce qui force après le chargement de l'instrument à le faire tourner à la main en laissant tomber l'engrais dans une boîte de la longueur de la caisse jusqu'à ce que le débit paraisse régulier. Dans les premiers distributeurs, il fallait avant de mettre en marche le Hérisson lui faire sa place dans la masse d'engrais qui se trouve dans la boîte. M. Hurtu obtient ce résultat avec une espèce de gabarit en tôle muni d'une poignée qu'on passe sur toute la masse ; ce gabarit a une courbure correspondant à la moitié de la circonférence tracée par le Hérisson. M. Emile Puzenat donne la forme voulue à la partie supérieure de la masse par le Hérisson lui-même, en le faisant tourner à la main dans le sens opposé à la marche normale au moyen d'un volant spécial. Dans le distributeur Rigault, le Hérisson pouvant commencer à tourner avant d'être en contact avec la matière fait lui-même sa place, mais débite plutôt moins en commençant, tandis que les deux autres distributeurs débitent trop.

Les instruments que je viens de décrire sont certainement bien supérieurs à ceux que l'on construisait il y a dix ans ; toutefois pour obtenir un bon travail de ces outils, il faut en bien connaitre le maniement et contrô-

Fig. 24

Distributeur d'engrais Boisrenoult à fond mobile.

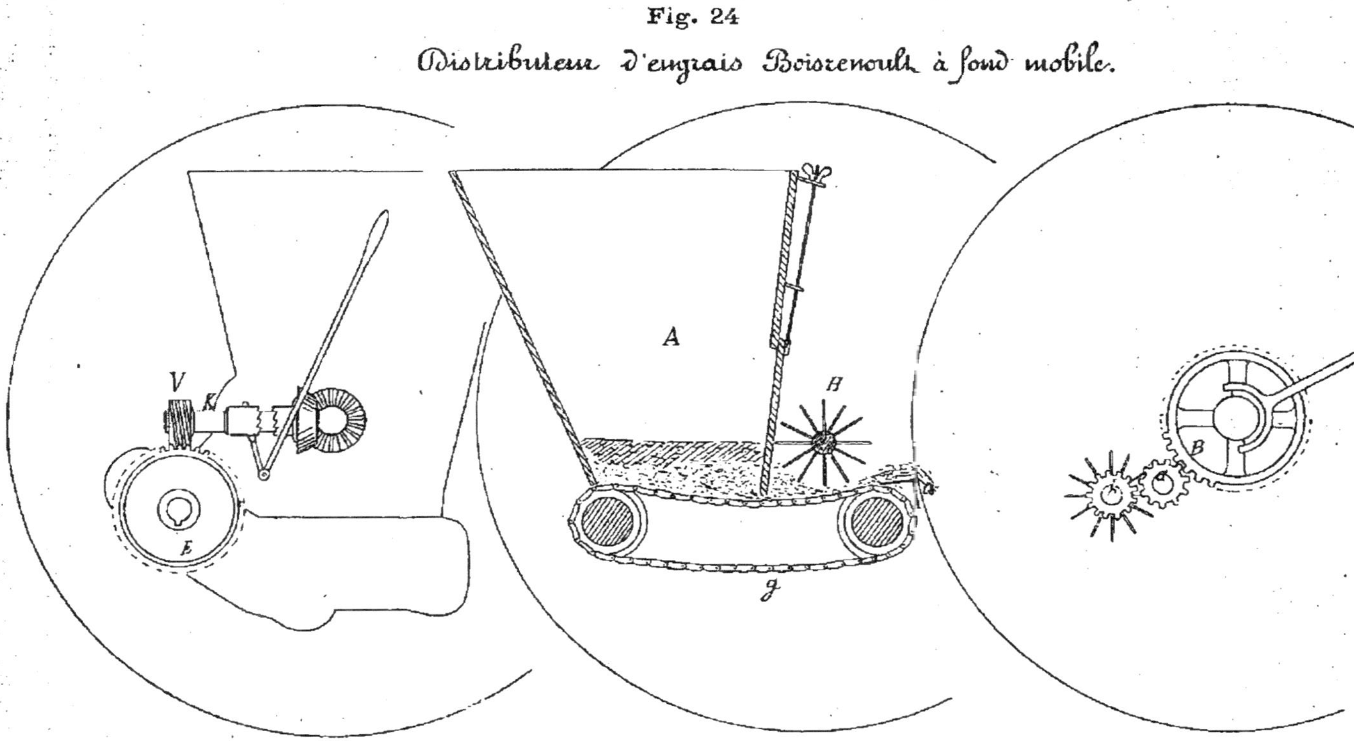

ler avec soin la régularité de leur fonctionnement. Pour s'assurer de la marche d'un distributeur, il est nécessaire de les soumettre à trois essais, savoir : un premier essai en disposant les engrenages pour répartir une faible quantité à l'hectare, 100 k. environ ; un deuxième essai pour un gros débit 1500 à 2000 k. à l'hectare, enfin un troisième essai avec de l'engrais humide. Pour faire ces essais, le distributeur étant chargé d'un poids donné de matière, on lui fait parcourir sur une longueur de 100 mètres, quatre ou cinq tours correspondant à une surface connue, et après avoir pesé le résidu laissé dans l'instrument on se rend compte de la quantité semée, différence entre le poids primitif et le résidu, quantité qui doit correspondre à celle qui avait été assignée dans chaque essai. Pendant ces trois épreuves, on place sur le passage de l'instrument une bâche où tombe la matière, ce qui permet de constater par le dépôt sur la bâche. si cette matière se répartit également sur toute la longueur de l'instrument. Enfin pour l'essai avec l'engrais humide, il faut que cet engrais préparé d'avance soit de la catégorie de ceux qui ont une tendance à encrasser les organes, afin de vérifier si la matière continue à tomber régulièrement malgré cette tendance à l'encrassement.

Dans ces différentes opérations, il faudra s'assurer si l'instrument est facile à charger, noter le temps employé, la quantité d'engrais semée au début, examiner de près la manière dont s'effectue le vidage et le nettoyage de l'outil après chaque épandage. Quelles que soient d'ailleurs les précautions prises au moment de l'achat et et les garanties éxigées pour avoir un bon instrument, un distributeur d'engrais sera vite usé, si l'agriculteur qui s'en sert n'a pas le soin de le faire nettoyer à fond après chaque épandage et surtout à la fin de la campagne, sans cela, engrenages, arbres, caisse, seront mis hors de service. Il est même prudent après la campagne de démonter l'outil pièce par pièce, de gratter les pièces enlevées et de les enduire de graisse, pour les préserver tant de l'oxydation due à l'humidité de l'air, que de celle, beaucoup plus dangereuse, due aux engrais eux-mêmes.

Prix de revient de l'épandage d'engrais avec un distributeur. — Le prix de revient varie avec la largeur de l'outil et la quantité d'engrais semée à l'hectare. La largeur ne doit pas être trop grande ; les instruments dépassant deux mètres, deviennent trop lourds lorsqu'on épand de grandes quantités, et dans des terrains un peu accidentés se disloquent facilement. Une caisse de distributeur de deux mètres de long contient environ 100 k. d'engrais, soit cinq à six chargements à l'hectare pour un épandage de 500 k. En opérant sur un champ de 250 mètres de long, j'ai constaté sur le terrain que, dans ces conditions, la perte de temps pour les chargements et les tournants est de 20 %. L'appareil ayant 2^m de large et étant conduit par des chevaux marchant à la vitesse de 0^m80 par seconde, la quantité de travail fait par heure est de $2880^m \times 2$, soit 57 ares 60 et 5 hectares 76 en dix heures, ce qui, en diminuant les 20 % de perte (1 hectare 15 ares), correspond à un épandage d'engrais sur une surface de 4 hectares 60 ares dans une journée de 10 heures. Le prix de revient journalier du travail étant ainsi établi,

Un conducteur.	3 fr.
Deux chevaux à 5 francs	10 »
Intérêt et amortissement à 20 °/₀ par an (ces instruments s'usant vite) d'un capital d'achat de 450 fr. pendant 40 jours de travail.	2 25 c.
Total de la dépense journalière —	15 25 c.

Le prix de l'épandage par hectare revient de 3 fr. 90 à 4 francs.

Distributeurs ou épandeurs d'engrais liquides. La plupart des fermes possèdent aujourd'hui des fosses à purin qui reçoivent les égouts de la fumière et des purins en excès venant des écuries et bouveries. Dans quelques exploitations placées sur un point un peu élevé, le trop-plein de ces fosses s'écoule dans des prairies en contrebas disposées pour recevoir méthodiquement les liquides sur leur surface. Dans d'autres domaines, surtout ceux qui possèdent une distillerie, on installe dans la fosse à purin une pompe fixe qui est mue par la machine de l'usine, et transporte sur un point culminant le contenu de la fosse dans laquelle on fait aussi arriver les vinasses, excellent engrais surtout pour les prairies artificielles ou naturelles ; mais plus généralement on est obligé de transporter les purins sur les champs, à l'aide de tonneaux. Lorsque l'exploitation est peu importante on peut se servir d'une simple barrique que l'on place sur un tombereau ou un chariot, en y adaptant un robinet en bois ou en métal. Au-dessous de cette barrique on attache une planche d'épandage, fort usitée dans le Nord de la France et qu'un simple charron de village peut construire. Cette planche

Fig. 25

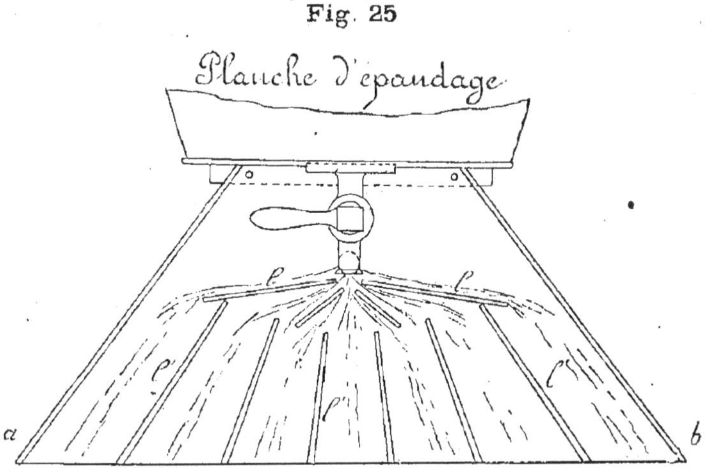

en éventail, qui doit à la sortie du liquide avoir une largeur a b égale à celle qu'on veut couvrir sur le terrain (fig. 25), est munie de languettes *l* qui dirigent le liquide au sortir du robinet de la barrique.

Aujourd'hui, dans les exploitations un peu importantes on remplace cette simple barrique par des tonneaux en fonte ou en tôle munis ou non de pompes. Afin de les rendre plus transportables et de ne pas trop élever le centre de gravité de l'instrument, les constructeurs anglais livrent des tonneaux en forme de cylindre dont l'axe est perpendiculaire aux brancards, et ils fixent les portions d'essieux supportant les roues sur les fonds du cylindre ; mais si cette disposition abaisse le centre de gravité de la masse liquide, elle a l'inconvénient de limiter beaucoup la longueur du réservoir, et par conséquent sa capacité. En outre ces essieux coupés sont bien moins solides que les autres, et j'ai vu de ces instruments se briser par le choc d'une roue contre une borne ou contre un trottoir à un tournant.

De toute façon, pour remplir ces tonneaux il faut des pompes, soit indépendantes, soit placées sur l'instrument. Ces pompes doivent être très faciles à visiter, car les fosses à purin contiennent souvent des morceaux de bois et autres matières qui par une puissante aspiration passent à travers les trous des crépines. Lorsqu'on se sert des pompes indépendantes, qui peuvent aussi servir en cas d'incendie, les systèmes avec soupapes à boulets facilement démontables comme celles de MM. Noël, Broquet et Beaume doivent être préférés.

Plus généralement aujourd'hui on fixe la pompe sur le tonneau. Un type de ce genre, bien établi est celui adopté par Messieurs Amiot et Bariat. Leurs tonneaux (fig. 26) sont montés sur deux roues larges. Le réservoir proprement dit est en tôle d'acier de 3 millimètres 1/2 à fonds emboutis de 4 mil. rivés à chaud. La pompe d'emplissage en cuivre rouge est placée à l'intérieur pour la mettre à l'abri de la gelée et des chocs; elle est soudée sur une pièce en fonte F, terminée par un rebord en hélice et serrée par une poignée double sur une rondelle en caoutchouc qui forme joint. Cette disposition permet de visiter facilement le clapet à ailettes fixé sur la boîte à clapet D qui forme le raccord du tuyau d'aspiration G.

Fig. 26

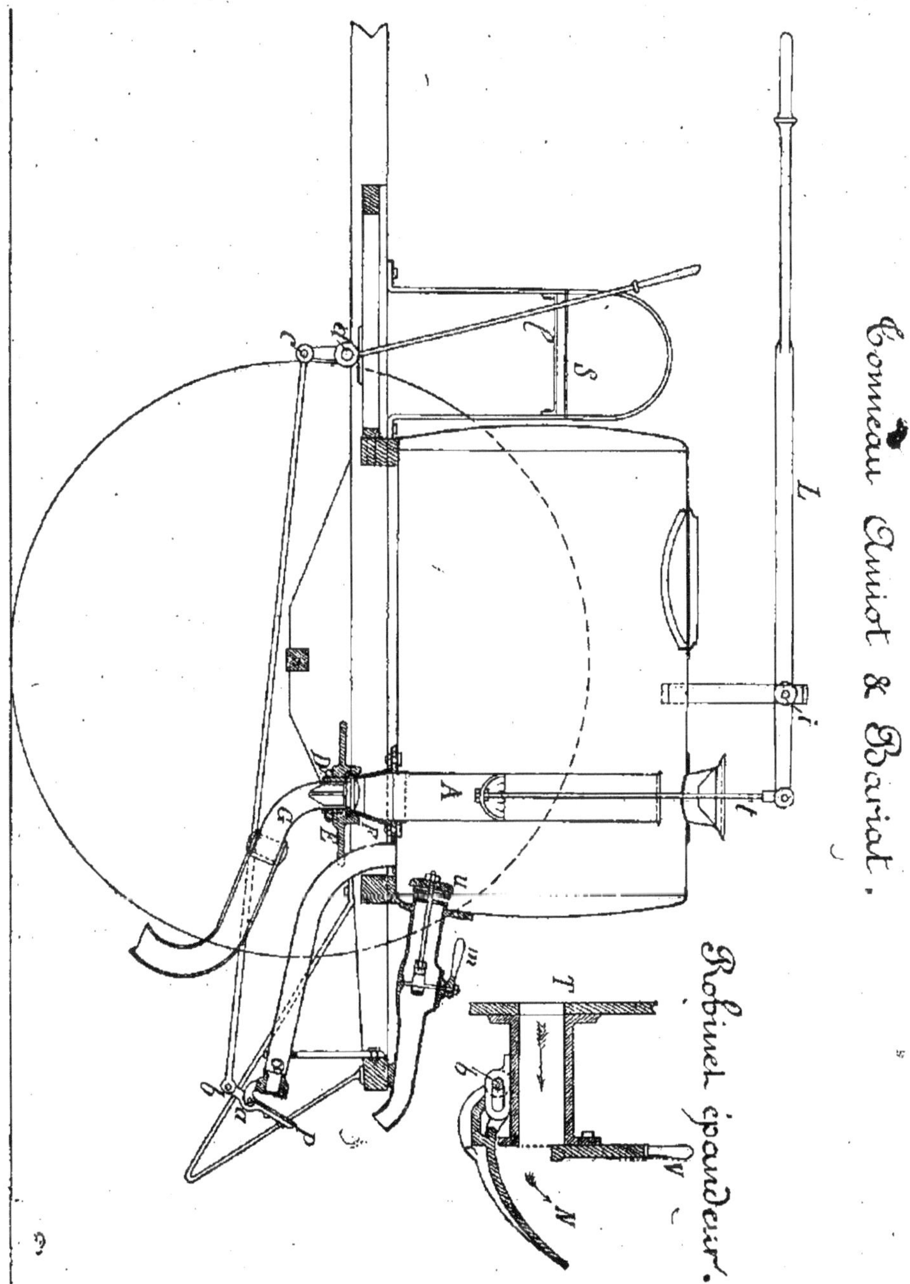

L'épandage se fait à l'aide d'une pièce P qui ferme plus ou moins l'orifice d'arrivée du liquide. Cette pièce P est manœuvrée par le levier *l* au moyen des articulations *a b c d*. La pompe est mise en mouvement par un autre levier L articulé en *i* agissant sur la tige *t* du piston. De la plateforme de son siège S, le conducteur peut manœuvrer la pompe. Lorsqu'on veut vider le tonneau ou s'en servir pour transporter de l'eau, un robinet muni d'une clef *m* ouvre l'orifice de sortie à l'intérieur du réservoir en *u*; de la sorte le robinet n'est jamais plein de liquide lorsqu'il ne fonctionne pas, et par conséquent il est à l'abri des ruptures que la gelée peut produire dans les autres systèmes.

Certains constructeurs adaptent à la sortie de leurs tonneaux à purin un robinet vanne muni d'un épandeur, dont ou peut varier facilement le jet. Dans ces robinets (fig. 26), la pièce N qui reçoit le liquide du tonneau T pour former la nappe, peut être plus ou moins avancée au moyen d'un boulon *b*, serré dans différentes positions sur la rainure pratiquée dans N où il peut coulisser; une vanne V se fermant de haut en bas règle la quantité de liquide qu'on veut faire sortir.

Je termine ce chapitre sur les distributeurs en mentionnant l'appareil Strawson, qui a figuré à l'Exposition de 1889 où il a été l'objet d'essais spéciaux. Cet instrument, qui devait épandre les engrais pulvérulents et liquides, demandait des perfectionnements; il n'a pas reparu en France depuis cette époque.

Chapitre III

Semoirs.

Confier au sol la graine qui doit y germer, se développer et fructifier est une des principales opérations agricoles, et cependant, que de cultivateurs et de propriétaires laissent à un maître valet le soin des semailles d'où peut dépendre toute une récolte ! Ils n'ignorent pas cependant que chaque graine doit être confiée à une terre bien préparée, à des profondeurs variables, mais à peu près constantes pour chaque espèce de semence, que les quantités réparties doivent être aussi régulières que possible et placées à des intervalles permettant à la plante de pousser dans les conditions les plus favorables. Il est impossible d'obtenir ce résultat en répandant simplement la semence sur le sol et en l'enterrant ensuite avec des charrues ou des herses. Aussi au point de vue de l'emploi des machines ne m'arrêterai-je pas à décrire les semoirs mécaniques à la volée, dont toute culture soignée et progressive doit bannir l'emploi. Un des principaux avantages des semis à la machine, c'est de permettre la destruction des plantes parasites dans les récoltes, et cette destruction n'est possible qu'avec les semis en lignes.

D'ailleurs les appareils employés pour semer à la volée, ne présentent pas dans leur travail d'avantage sur le semis à la main qui tend à disparaître avec les progrès de la culture. Je ne m'occuperai donc que des instruments munis de socs, déposant à des profondeurs et des distances régulières les semences que l'on confie au sol.

Un semoir doit être bien construit et fonctionner régulièrement. Je ne saurais trop m'élever contre l'emploi d'instruments à bon marché construits sans soin et sans principes par des charrons de village, exécutant des semis irréguliers et bien plus défectueux que ceux effectués à la main. C'est l'emploi d'outils de ce genre qui, par leurs déplorables résultats, empêchent en France la propagation de la culture en lignes. Le cultivateur français se laisse trop facilement prendre par l'appât du bon marché et encourage ainsi les constructeurs de pacotille.

Il y a deux parties bien distinctes dans un semoir: 1° l'appareil distributeur, 2° les socs.

1° L'appareil distributeur est placé dans une caisse en bois ou en métal, dans laquelle il se meut sous l'action d'engrenages recevant leur mouvement des roues porteuses, pour jeter la semence dans de petits entonnoirs qui la dirigent vers les socs. Un bon distributeur doit remplir deux conditions essentielles : fournir la quantité de graine que l'on veut répandre à l'hectare ; envoyer à chaque soc un poids égal de grains dans un même temps. Ces grains doivent se suivre, sur la ligne semée, à des espacements à peu près réguliers. Le problème est beaucoup plus difficile à résoudre qu'on ne croit, et les différents essais faits depuis quelques années ont montré que bien peu de semoirs remplissent d'une manière parfaite ces deux conditions.

Pour se bien rendre compte de la répartition des graines dans toute la largeur du semoir et sur chacun des pieds ou socs, il est indispensable de procéder pour chaque outil à une expérience très simple que l'on appelle *l'essai aux petits sacs.* Pour cet essai, on enlève tous les socs que l'on remplace à la sortie du distributeur par des petits sacs tarés à l'avance, et on règle le distributeur pour la quantité de graine qu'on veut semer à l'hectare; on remplit alors la caisse d'un poids déterminé de semence. Le semoir ainsi disposé on lui fait parcourir, distributeur embrayé, une longueur de 100 mètres par exemple, aller et retour, sur une pièce de terre préparée pour le semis. On pèse alors tous les sacs, ce qui donne, tare déduite, le poids total semé sur une surface connue, puis on pèse chaque sac séparément; si l'instrument remplit les conditions voulues, la somme des poids de grains doit correspondre à celle assignée par surface, et tous les petits sacs doivent peser le même poids. Bien souvent la quantité de grain semé à l'hectare n'est pas conforme aux tables fournies par les constructeurs, et on est obligé de corriger soi-même ces tables par tâtonnement; enfin les poids d'un petit sac à un autre peuvent varier beaucoup: Si l'écart entre les poids semés par chaque sac varie de plus d'un huitième, il faut refuser le semoir. Certaines conditions viennent cependant influencer défavorablement la chute du grain dans les sacs, c'est la présence sur le terrain de pierres qui font sauter les roues du semoir et déterminent dans la boite certains chocs qui, surtout dans les distributeurs à cuillères, projettent inégalement le grain. Enfin la forme de la graine influe beaucoup sur la distribution, ainsi que je vais l'indiquer en parlant des différents types de semoirs.

Les systèmes de distributeurs pour semis en lignes continues sont assez nombreux ; mais trois types seulement sont employés couramment en France : 1° les distributeurs à cuillères; 2° les distributeurs à alvéoles; 3° les distributeurs à hélice système de Lapparent. Les distributeurs à cuillères (fig. 27) sont les plus usités surtout dans les semoirs anglais. Pour alimenter ces distributeurs le grain est versé dans une trémie en deux parties, séparées par une cloison K ouverte à sa partie inférieure mettant en communication les compartiments A et B à l'aide de vannettes V ; c'est dans le second compartiment B que se trouve le distributeur. Un distributeur à cuillères se compose d'un arbre carré *a b*, sur lequel sont calés un certain nombre de plateaux en tôle P portant perpendiculairement et près de leur circonférence extérieure, une série de pièces en forme de cuillère c formées de deux parties creuses, l'une G de la grandeur d'une pièce de 50 centimes pour semer les céréales, l'autre *g* plus petite, placée symétriquement derrière G, pour les petites graines ; un marteau *m*

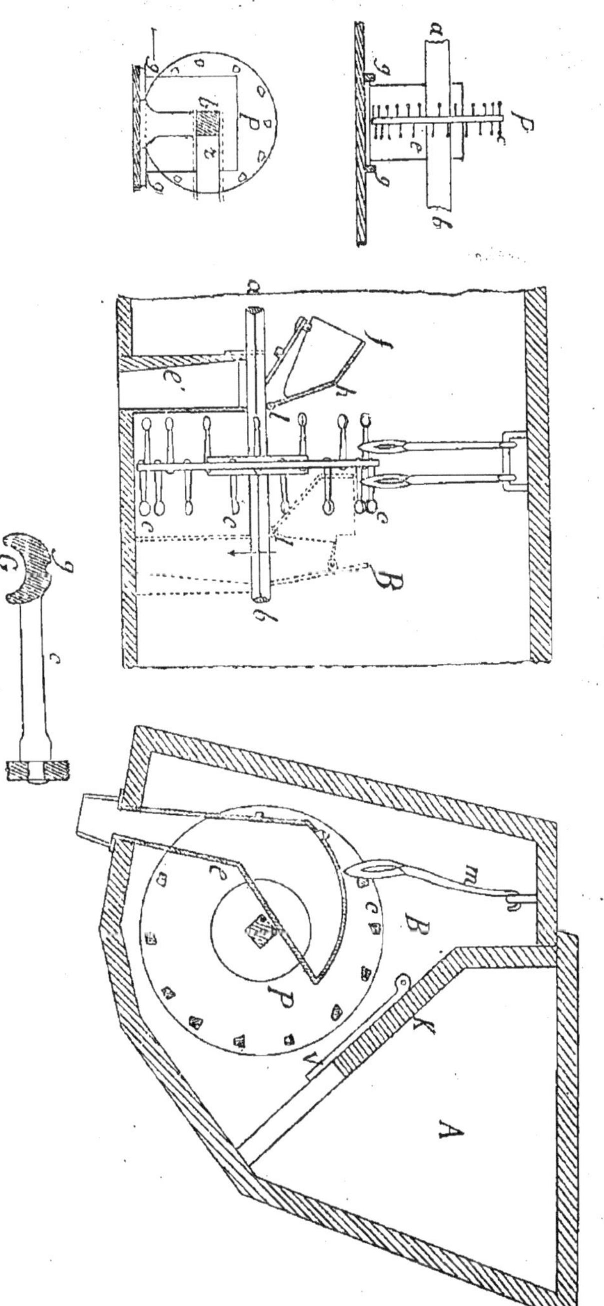

Fig. 28

Distributeur à cuillères

Fig. 27

frappe sur les cuillères et force les graines à tomber. Ces cuillères sont rivées sur les plateaux et l'on change leur position en démontant l'arbre de l'appareil distributeur et en le retournant bout pour bout. Dans les premiers semoirs, il fallait, pour ce retournement de l'arbre, démonter tous les petits entonnoirs *e* qui reçoivent le grain tombant des cuillères; aujourd'hui MM. Smyth et Hurtu ont adopté chacun un système particulier d'entonnoirs permettant d'effectuer très rapidement cette manœuvre.

Dans la disposition adoptée par M. Smyth les entonnoirs *e*, au lieu d'être en une seule pièce et toujours prêts à recevoir le grain des cuillères sont en deux parties, l'une *l h f*, mobile autour d'un point *l* l'autre fixe *e'*. Lorsque l'entonnoir est dans la position pointillée le grain y tombe suivant la flèche, et au contraire lorsque la partie mobile a tourné autour de *l* et s'est inclinée à gauche, le grain ne tombe plus dans *e'* et l'arbre *a b*, libre, peut être enlevé sans difficulté. Ce système permet donc et de démonter l'arbre et de supprimer l'action d'un ou plusieurs distributeurs.

M. Hurtu dispose autrement ses entonnoirs; ils sont fixés sur le plateau P portant les cuillères et sont munis de chaque côté de deux embases (fig. 28) qui glissent sur deux glissières *g g*; le plateau P porte une rainure *r* permettant de le retirer de l'arbre *a b*, de telle sorte qu'en enlevant tous les plateaux et leurs entonnoirs, on peut changer les cuillères de côté, et par conséquent semer tantôt des grains, tantôt de petites graines.

Quoiqu'employées dans la plupart des semoirs, les cuillères sont loin de répartir régulièrement la semence. C'est encore le blé qui est le mieux semé, mais le grain de blé lui-même étant long et les cuillères rondes, le nombre de grains enlevé par chaque cuillère varie avec la position de ces grains au moment où ils sont pris dans le fond de la caisse B. La position de la caisse et la hauteur de matière qu'elle renferme influent aussi sur le chargement des cuillères ; enfin un choc fait quelquefois tomber tous les grains avant qu'ils arrivent aux entonnoirs. Pour l'avoine et surtout pour les graines irrégulières comme le maïs, les distributeurs à cuillères ne donnent presque jamais un débit régulier. Théoriquement le distributeur ne devrait prendre qu'un grain à la fois dans le fond de la trémie. Pour arriver à ce résultat, il faudrait que le plateau fut disposé de telle façon que ses organes ne prissent qu'un grain dans la trémie ; c'est dans cet ordre d'idées qu'on a construit les distributeurs à alvéoles. Ils sont formés d'une série de plateaux en fonte d'une certaine épaisseur (fig. 29) présentant dans cette épaisseur une série de cavités a ayant la forme du grain à semer, de telle sorte qu'il faut autant de plateaux que de nature de graines ; mais de suite les constructeurs ont dû abandonner l'idée première de ne prendre qu'un grain à la fois, et chaque alvéole peut en contenir plusieurs. A la rigueur, le semis pourrait encore être régulier, si les grains se logeaient dans les alvéoles suivant le sens dans lequel elles sont disposées, mais il n'en est pas ainsi ; pour le blé par exemple, certains grains se placent en long, d'autres en travers. Toutefois, pour les graines longues comme l'avoine, des plateaux bien compris ayant des encoches de la longueur moyenne d'un grain d'avoine donnent de bons résultats, parce qu'aucun grain n'est assez court pour se placer en travers des alvéoles.

Le distributeur inventé par M. de Lapparent et appliqué par M. Japy dans ses derniers semoirs est celui qui donne les meilleurs résultats : il se compose d'une petite vis d'Archimède en bronze V (fig. 30) qui frotte contre le fond d'une goutière *g*, laquelle reçoit le grain de la trémie T ; cette vis entraîne le grain placé dans *g* d'un mouvement uniforme aux entonnoirs qui le con-

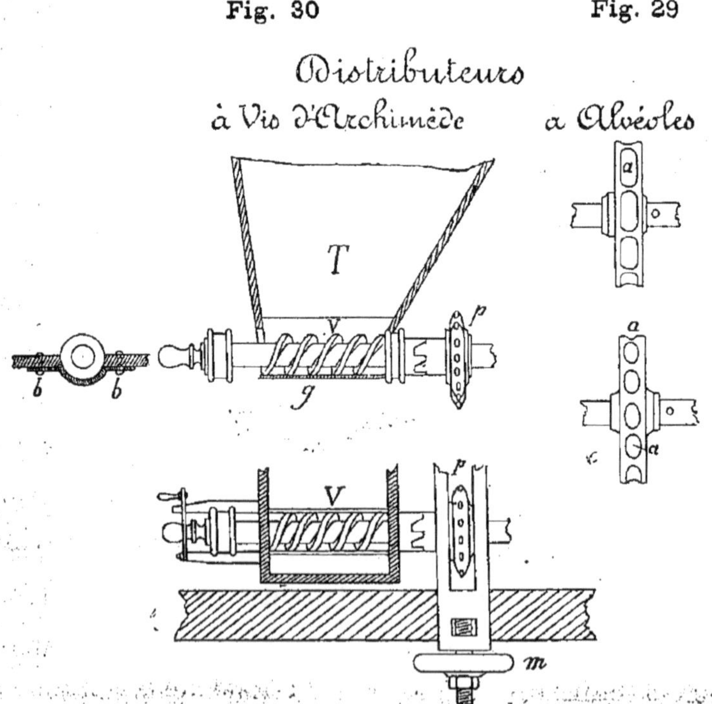

duisent aux socs. Ce distributeur est parfait quand il est bien entretenu, mais il ne faut laisser aucun jeu entre V et *g*, sans cela les grains au lieu d'être entraînés coincent entre V et *g*, s'écrasent, et empêchent les autres de passer. Lorsque l'usure est sur la vis, le mal est facile à réparer, on remplace les vis V qu'on a toujours en rechange, mais si l'usure se produit sur *g* il faut démonter cette pièce fixée par les boulons *bb*; son changement toutefois n'entraîne pas à une grande dépense. C'est d'ailleurs un des avantages de ce distributeur d'être composé de plusieurs parties qui ne sont ni volumineuses ni coûteuses. La surveillance en est facile, car l'ouvrier placé derrière le semoir voit tomber le grain dans l'entonnoir qui le conduit aux socs.

Il existe encore beaucoup d'autres distributeurs, soit pour semis en lignes continues, soit pour un semis particulier dit en *poquets*, dont je parlerai plus loin, mais aucun ne donne de distribution régulière. M. Eckert de Berlin avait imaginé un système qui donnait dans certaines conditions, des résultats excellents. Le grain au sortir de la trémie est entraîné entre deux cylindres de caoutchouc qui le compriment légèrement et l'entraînent d'un mouvement uniforme; le grain forme lui-même son alvéole dans le caoutchouc, et il n'en passe guère qu'un à la fois; c'était l'idéal, mais dès que la température s'élève le grain reste attaché au cylindre de caoutchouc et ne tombe plus.

Pour la plupart des distributeurs et surtout pour ceux à cuillères la position du fond de la trémie par rapport aux pièces distributrices n'est pas indifférente. En effet si on laissait toujours le fond à la même place, dans les montées tout le grain viendrait sur l'arrière et les distributeurs en prendraient trop ; dans les descentes tout le grain se précipiterait à l'avant de la caisse et les distributeurs n'en prendraient pas assez, quelquefois pas du tout.

Pour éviter cette inconvénient, le fond de la trémie (fig. 31) peut s'incliner plus ou moins autour d'un axe au moyen d'une manivelle *m* faisant tourner un arbre a *b* portant une vis V qui agit sur une crémaillère K articulée en *o* par l'intermédiaire de l'engrenage H. Selon que l'on tourne *m* d'un côté ou d'un autre, on fait incliner la trémie en avant ou en arrière, et le grain placé dans le fond se présente toujours de la même manière aux distributeurs.

Dans le semoir Rud Sack la caisse est suspendue et s'incline ou se relève suivant la pente du terrain ; cela est trop compliqué, d'autant plus qu'il faut tout un mécanisme et des contrepoids pour empêcher que la caisse n'oscille sans cesse sous l'action des chocs produits par la rencontre de pierres ou autres causes.

Règlement de la vitesse de l'arbre distributeur. Il ne faut pas seulement envoyer un nombre égal de grains à chaque soc, il faut encore pouvoir, suivant les semences et la nature du terrain, modifier la vitesse de l'arbre des distributeurs. Plus les modifications de vitesse seront nombreuses, plus on s'approchera de la quantité qu'on se propose de semer à

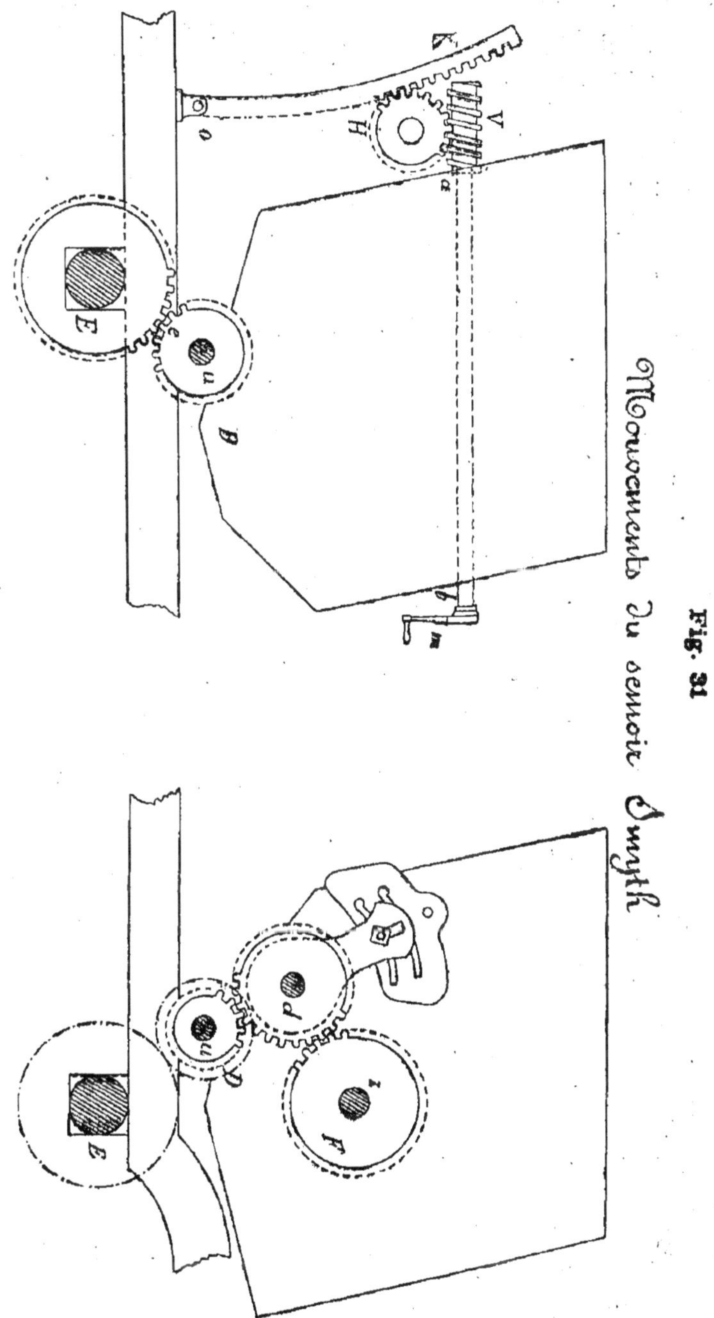

Fig. 31

Mouvements du semoir Smyth

l'hectare. La nécessité d'obtenir ces vitesses différentes est une des difficultés de construction du semoir, et beaucoup de constructeurs n'ont pas suffisamment étudié les rapports qui existent pour chaque graine entre la quantité semée, et la vitesse imprimée à l'arbre distributeur. Le mouvement est toujours pris sur une des roues porteuses.

Dans le semoir Smyth (fig. 31) ces changements de vitesse se produisent de la manière suivante : sur une des roues porteuses, celle de droite par exemple, est placé un engrenage E qui en commande un autre *e* monté sur un arbre *u* parallèle à l'essieu des roues porteuses et aussi large que le semoir ; du côté gauche du semoir sur *u* est fixée une roue D engrenant avec *d*, montée sur un axe mobile, *d* peut engrener avec une autre roue dentée F, calée sur l'arbre des distributeurs *z* en prise avec *d* ; en variant les diamètres de *d* et F on modifiera la vitesse de l'arbre *z*.

La disposition adoptée par M. Albaret, dans son semoir, pour le règlement de la vitesse du distributeur est plus simple et donne un plus grand nombre de combinaisons. Sur le moyeu de la roue R (fig. 32) est fixée une roue dentée C qui donne le mouvement à un pignon D et une roue D' solidaire de D, commandant par une chaîne de gall E la roue F placée sur l'arbre des distributeurs. Cette roue peut être changée suivant les vitesses à obtenir. Chaque instrument livré porte 16 roues différentes de 7 à 22 dents.

Le pignon D et la roue intermédiaire D' sont portés

Fig. 32

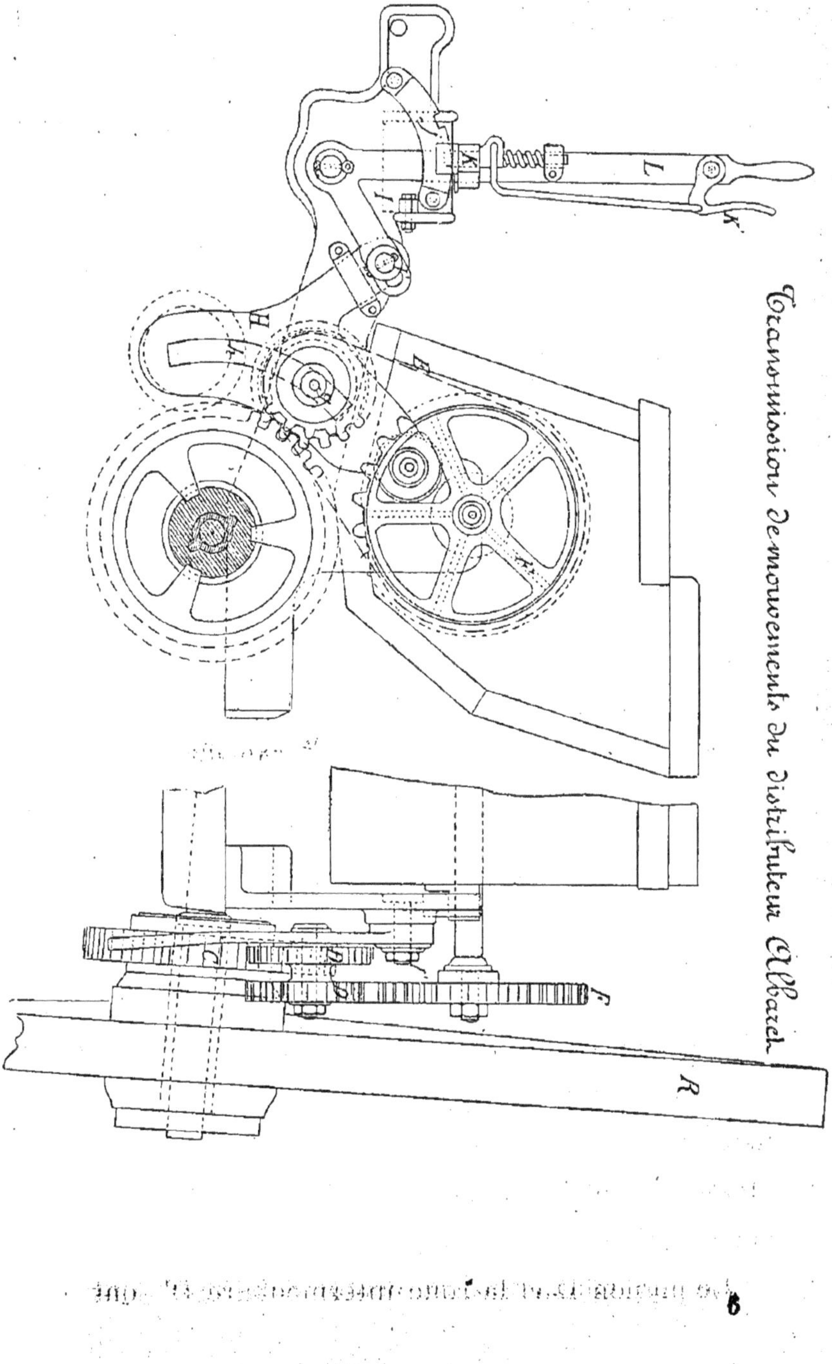

Transmission de mouvements du distributeur Albaret

par un axe *g* que l'on peut déplacer, dans une coulisse *h*, qui permet de le remonter ou de l'abaisser suivant le diamètre de l'engrenage F. La pièce H dans laquelle est pratiquée cette coulisse *h* est mobile autour d'un tourillon I' fixé au bâti I. En abaissant le levier L on fait désengrener le pignon avec la roue motrice. Un verrou à ressort K, s'engageant dans une des encoches d'un secteur *j* guidant le levier L. permet de le fixer. Lorsqu'on veut engrener on relève le levier L, tout en pressant sur la poignée K' pour dégager le verrou de l'encoche, et on arrête le levier L dans la seconde encoche du secteur *j*. Dans cette nouvelle position le pignon D est engrené avec la roue motrice C. Ces changements s'opèrent vite et le mécanisme est simple et solide.

M. Gautreau constructeur à Dourdan, transmet d'une autre manière le mouvement des roues porteuses à l'arbre distributeur. Il emploie un mécanisme semblable à celui que M. Rigault a adopté après lui dans son semoir à engrais. On obtient par ce système un nombre considérable de combinaisons pour changer la vitesse du distributeur. La disposition du semoir de M. Japy est à peu près identique. La commande du distributeur (fig. 33) est prise sur l'arbre de la roue porteuse ; l'engrenage conique B calé sur cette roue actionne le pignon *b* sur l'arbre duquel est calé un pignon *p*, engrenant avec un plateau P portant 8 couronnes dentées concentriques. Ce plateau par l'intermédiaire des pignons coniques *cc*, commande la chaîne sans fin K qui fait tourner les vis du distributeur. Suivant que *p* engrène avec l'une ou l'autre des dentures du plateau P, il modifie la vitesse de la chaîne K et celle des vis, et par conséquent le débit. Une vis V peut faire monter *p* pour engrener dans les différentes dentures de P à l'aide du volant D ; une aiguille circulant sur une plaque verticale fait connaître l'endroit où il faut arrêter le pignon pour obtenir un débit donné.

Fig. 33

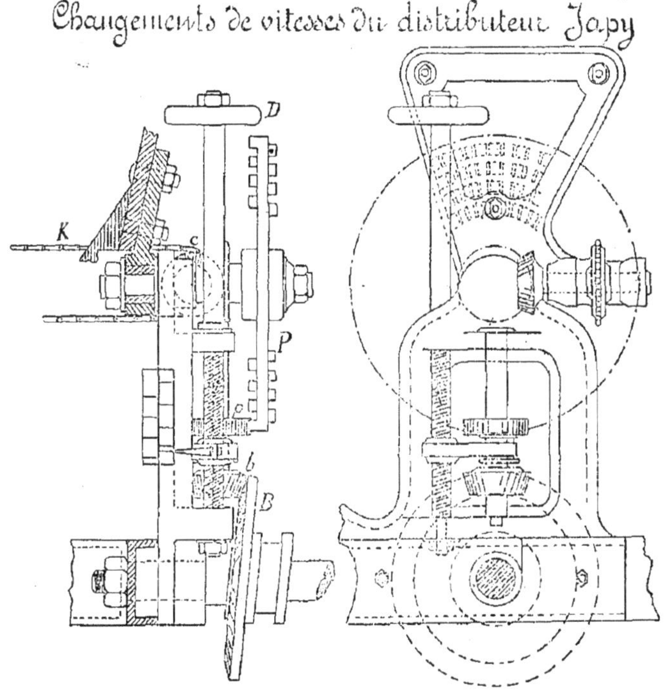

La disposition de la caisse où se meut le distributeur peut avoir une influence sur la régularité du débit. Il faut non seulement qu'on puisse charger facilement et répartir uniformément le grain dans la caisse, mais encore qu'il soit possible, le semis terminé, de la vider complètement, car les grains oubliés germent quelquefois, s'attachent à la caisse et la font pourrir. Pour effectuer ce vidage, il faut dans la plupart des semoirs, ouvrir en grand les trappes qui font communiquer la trémie avec l'auge où tournent les distributeurs, et incliner la caisse à l'aide de la manivelle *m* (fig. 31), afin que le fond ait une forte inclinaison d'avant en arrière pour faire couler le grain. Cette manœuvre n'est pas toujours facile à exécuter avec des semences humides ; une bonne disposition est celle adoptée par M. Liot dans son semoir, dont la trémie est formée à sa partie inférieure d'un fond mobile en toile métallique que l'on peut retirer facilement ; en outre le treillis de cette toile métallique permet aux petites graines qui se trouvent dans la semence, de passer à travers les mailles.

2° Socs. La graine étant distribuée à la vitesse voulue dans les entonnoirs à la sortie de la caisse, il faut la transmettre aux socs. Le mode de transmission varie selon que les socs ou pieds sont fixés sur la caisse ou mobiles. Je ne dirai rien des pieds fixes, car j'en désapprouve absolument l'emploi ; tout au plus ces pieds fixes peuvent-ils être employés pour les semoirs à deux ou trois rangs destinés aux betteraves ou plantes sarclées, semées à grands espacements sur un terrain non accidenté dont le sol est parfaitement divisé et homogène ; mais ces instruments fonctionnent très mal dès que le terrain est ondulé. La graine est déposée à des profondeurs très variables, laissant certains grains (fig. 34) en *a* sur le sol, ou les enterrant en *b* à une profondeur telle qu'ils ne peuvent germer.

Fig. 34

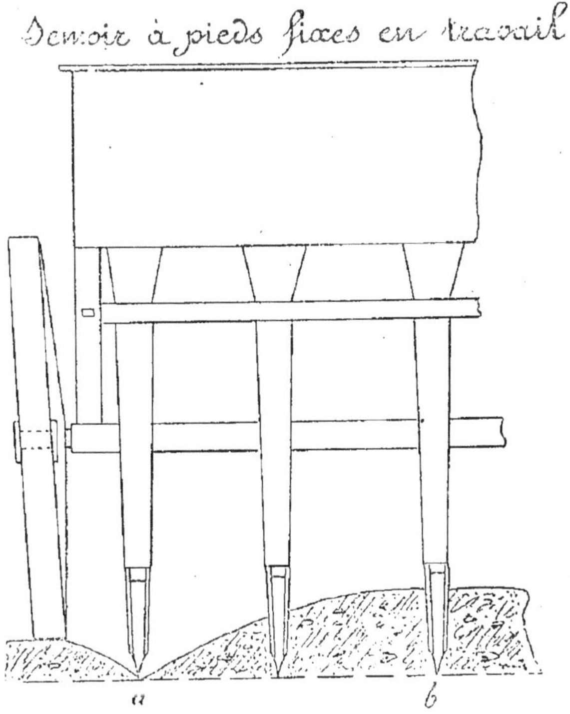

Lorsque la graine est envoyée des distributeurs à des socs ou pieds mobiles, la distance verticale entre la trémie et le porte-soc varie ; aussi faut-il donner une certaine flexibilité aux conduits qui amènent la semence. Dans les semoirs américains, ces tubes conducteurs sont en caoutchouc, mais ils sont trop élastiques et sautent souvent hors du porte-socs, jetant la graine à côté du rang. M. Garrett emploie des entonnoirs successifs simples ou doubles *e* (fig. 35) qui amènent le grain d'un ou deux distributeurs aux socs. M. Japy se sert (fig. 37) de tubes dits à rotules coulissant l'un dans l'autre. Enfin M. Smyth emploie des tubes qu'il a appelés tubes télescopiques (fig. 36). Ces tubes sont composés de trois parties glissant l'une dans l'autre. De l'entonnoir e la semence passe dans le tube b_1 qui la transmet au tube b_2, de là elle passe dans la portion de sphère c et tombe dans la rainure du soc s. Tout l'ensemble du tube est soutenu par deux chaînettes g maintenant le tube de recouvrement b_3 qui empêche l'introduction de matières étrangères. Ce tube se meut librement dans c qui est maintenu en d, et permet aux socs d'incliner en avant, en arrière, ou de côté, sans que la semence cesse d'arriver aux pieds.

Fig. 36 Fig. 35

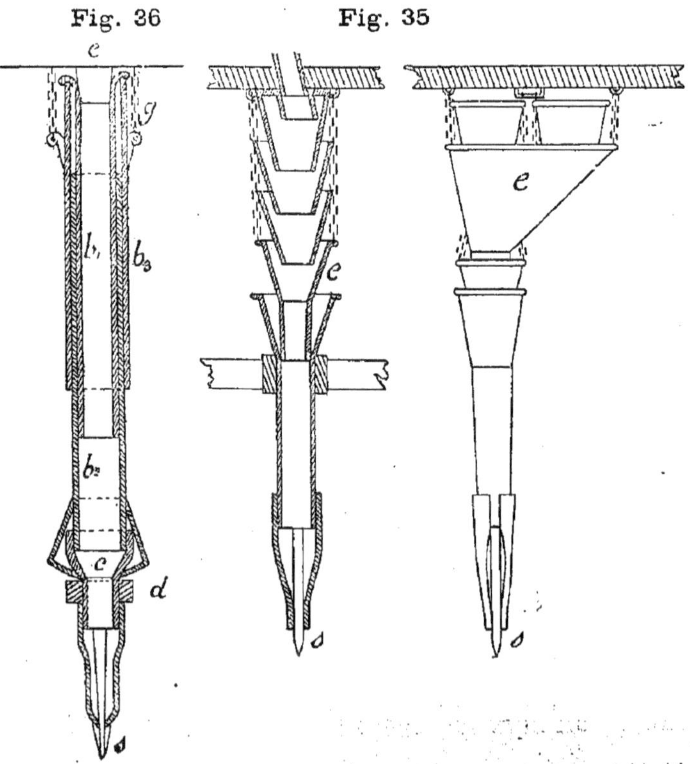

Les socs proprement dits (fig. 38) qui reçoivent la graine des tubes que je viens de décrire, doivent être assez lourds, ils se font généralement en fonte ou en acier ; l'avant est en forme de couteau pour ouvrir la terre, deux espèces de petits versoirs la rejettent de chaque côté. Comme les pointes de socs s'usent vite, certains constructeurs les font démontables, pour permettre de les remplacer après usure. Généralement les deux petits versoirs suffisent pour recouvrir la semence, la terre relevée presque verticalement par ces versoirs retombant dans la trace formée par l'avant soc, mais lorsque la terre est un peu humide, le soc y trace une rainure lisse, qui reste ouverte. Pour éviter cet inconvénient, M. Hurtu place derrière les socs des griffes en forme de fourche, qui rejettent la terre soulevée par les versoirs. Beaucoup de cultivateurs donnent après le semis un coup de herse dans le sens des lignes du semoir, mais pour ce travail il faut des charretiers adroits suivant bien la direction de l'instrument, sans cela toutes les lignes se trouvent bouleversées et le travail est à refaire. Enfin quand on sème de la betterave, il convient d'enterrer peu profondément la graine de cette plante et de la tasser légèrement. Pour ce travail on place derrière les socs des petits rouleaux *r* (fig. 37) qui sont fixés sur une barre spéciale *b*.

En général, les socs ne pénètrent pas assez profondément en terre par leur propre poids ; pour les faire enfoncer, on place à l'extrémité arrière des tiges de porte-socs un ou plusieurs poids *p* (fig. 38), selon l'enfoncement que l'on veut obtenir. Enfin dans certains cas : traversées de chemin, fourrières de champ, parties très pierreuses, les socs ne pénètrent pas malgré les poids ; on rend alors momentanément tous les socs fixes au moyen d'une barre de fer B, qui appuie sur tous les socs par l'intermédiaire de tiges t portant en tête des chaînes g' qu'on enroule sur le tambour R, destiné à relever les socs. Lorsqu'on transporte l'appareil au champ ou bien lorsqu'on veut faire tourner le semoir aux fourrières ou reculer, il faut pouvoir relever tous les socs d'un seul coup. Ce relevage peut s'effectuer à l'aide de chaînes g' qu'on enroule sur R au moyen de la manivelle m, actionnant une vis v, commandant un engrenage héliçoïdal E fixé sur R. Ces chaînes sont attachées à des crochets u sur R, et en raccourcissant plus ou moins la chaîne g de tel ou tel soc, on peut lever plus ou moins ce soc indépendamment des autres.

Fig. 37

Soc articulé avec rouleau pour betteraves

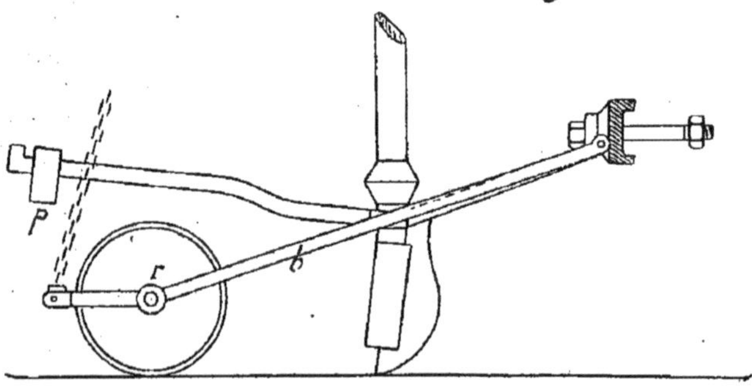

Les socs mobiles suivent bien les ondulations de

Fig. 38

Relèvement et attaches des socs

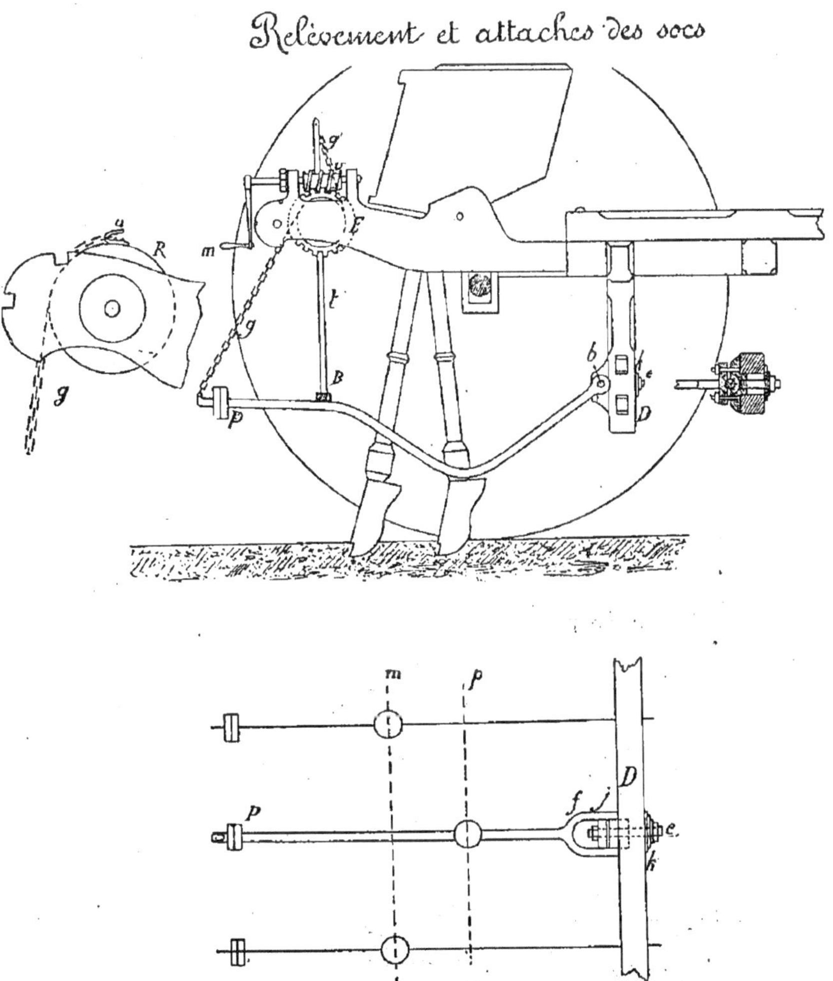

terrain, et plus le bras de levier autour duquel se tourne leur pointe sera long, plus cette mobilité sera grande, mais cette longueur même des pièces d'attache tend à les tordre, et par conséquent à faire varier la distance horizontale entre les socs. Il faut donc que l'attache de ces tiges mobiles sur la barre fixe d'avant D soit très solide, tout en laissant dans le sens vertical un jeu convenable.

La disposition adoptée par M. Smyth (fig. 38) est solide et simple ; la barre qui supporte le pied est terminée du côté de l'attache par une fourche *f*, entre les branches de laquelle passe un goujon *j* cylindrique ; le goujon *j* est fixé par un bouton à œil *b* serré par un écrou *e* sur une contreplaque K, qui s'appuie sur la traverse d'avant D. Cette attache qui se déplace comme on veut sur D, permet de fixer les barres à l'endroit que demande l'écartement à donner entre les lignes du semoir.

Dans le semoir Japy (fig. 39) la pièce d'avant D est composée de deux fers en ⅂⌴⌈, dans l'intervalle desquels se fixe par un boulon *b* une pièce en fonte B, portant une ouverture cylindrique dans laquelle passe le goujon a où se fixent les deux branches *dd*, qui forment la barre du soc. Le déplacement des socs se fait très facilement en desserrant l'écrou du boulon *b*.

Les porte-socs ne doivent pas être placés à la même distance de la barre d'articulation D ; il faut au contraire les éloigner autant que possible les unes par rapport aux autres et les disposer (fig. 38) de deux en deux lignes horizontales *mn pq*, afin d'éviter l'engorgement des socs dans les terrains humides et herbus, engorgement qui se produirait certainement, s'ils n'étaient sur la même ligne horizontale qu'à des distances de 0^m15 à 0^m20.

Fig. 39

Attaches des socs Japy

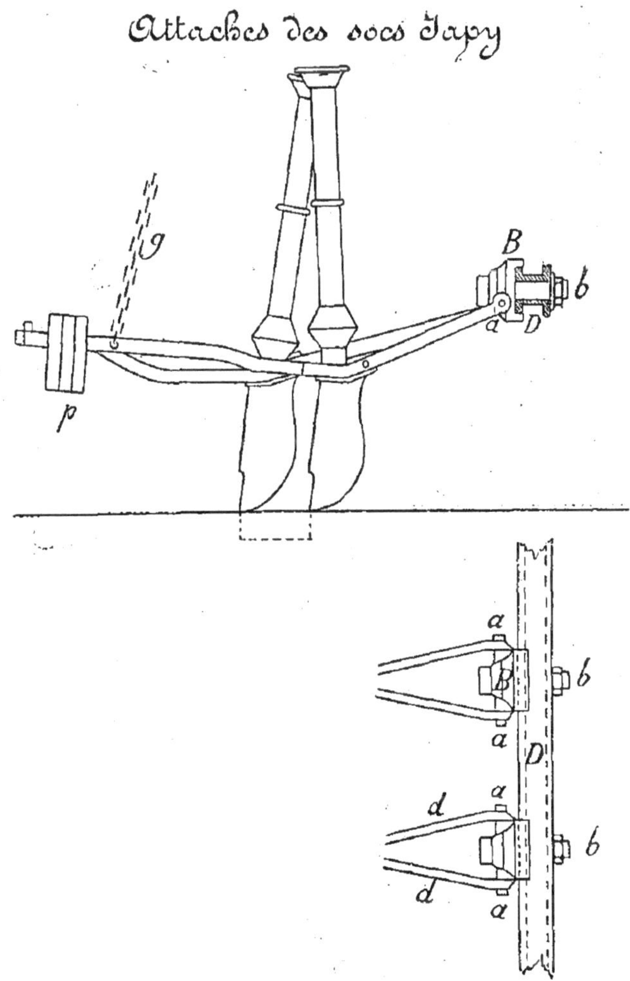

Direction des semoirs. — Quelques

constructeurs livrent encore à la culture des petits semoirs, la plupart du temps à pieds fixes, ne portant que deux roues et supportés par des brancards où l'on place le cheval qui doit tirer l'instrument. J'ai déjà expliqué les raisons qui doivent faire rejeter les pieds fixes ; quant au montage sur deux roues avec brancard, il doit être aussi abandonné. Le cheval en marchant, incline tantôt à droite, tantôt à gauche, et les lignes tracées, au lieu d'être droites sont ondulées et rendent le sarclage à la herse très difficile. Les semoirs doivent porter un avant-train à deux roues, et être conduits à l'avant. La plupart des instruments allemands ne portent qu'une seule roue et un grand levier qui ne permet de les diriger qu'à l'arrière ; l'avantage selon les constructeurs, c'est de n'exiger qu'un homme pour la direction du semoir et la surveillance de la marche. En pratique, un seul ouvrier ne peut en même temps surveiller le semoir et le diriger, en outre le conducteur placé à l'arrière ne voit pas suffisamment les traces des roues pour les reprises, c'est-à-dire le raccordement de deux trains parallèles de l'instrument.

L'avant-train (fig. 40) se compose de deux roues *r r*, fixées sur deux essieux indépendants *ee* placés en prolongement l'un de l'autre sur une barre en bois B, pouvant s'écarter plus ou moins de son centre O, de manière que les milieux *m m* des jantes de *r* correspondent exactement au milieu *n n* des jantes des grandes roues R. Deux bras *bb* articulés en *d*, peuvent être rabattus ou sortir de chaque côté du semoir et servir de barre de direction au conducteur, qui se place selon les besoins, tantôt à gauche, tantôt à la droite de l'outil. Ce sont ces barres *b* qui lui permettent de diriger le semoir en faisant pivoter l'avant-train autour de O ; toutefois comme les variations de direction sont faibles, on réunit en travail le semoir à l'avant-train par des chaînettes *g g* un peu lâches, laissant une certaine latitude pour le diriger, mais empêchant de trop grands écarts.

Fig. 40

Appareil de direction d'un semoir à avant-train

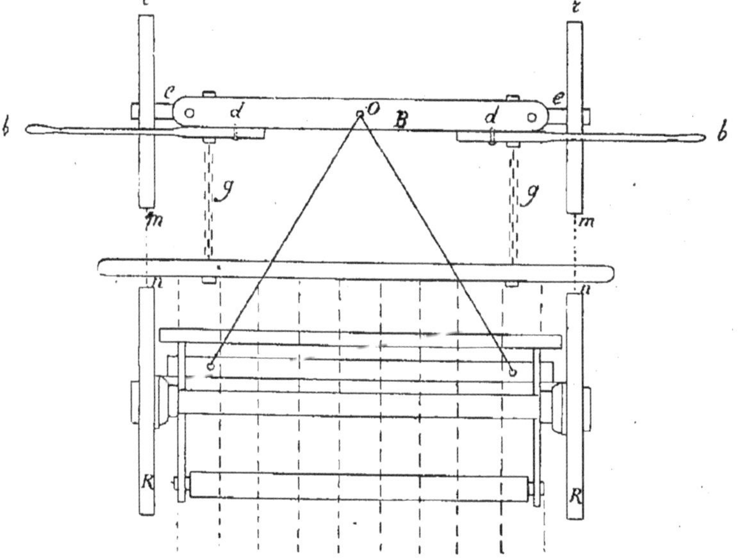

Le semeur doit s'appliquer dès le second tour à suivre avec la roue d'avant-train (et par conséquent avec la grande roue R placée sur son prolongement), la trace de la grande roue du précédent tour, de telle sorte que le dernier soc étant placé à une distance du milieu de la jante de R égale à un demi intervalle de socs, on forme, avec le premier rang de ce nouveau train, une ligne placée à une distance de la dernière du précédent, correspondant exactement à l'écartement entre les socs.

Je reviendrai sur ces détails en traitant du règlement des pieds d'un semoir et de son fonctionnement sur le terrain. A signaler une tentative de M. Hurtu dans son semoir tout en fer de petite culture, pour faire un avant-train moins coûteux, mais toujours avec direction à l'avant. La cheville ouvrière est supprimée et remplacée par un cadre métallique ne contenant qu'une roue. Sur cet avant-train sont placées les barres directrices, mais le conducteur au lieu de se guider sur les roues d'avant-train, s'attache à faire suivre la trace de la grande roue du précédent tour à une tringle se retournant verticalement et pouvant descendre jusque sur le sol, suivant le prolongement du milieu de la jante d'une des roues porteuses. Evidemment ce système vaut mieux que la direction à l'arrière, mais les reprises sont encore plus difficiles à faire qu'avec les avant-trains à deux roues.

Toutes les indications que je viens de donner s'appliquent surtout aux semis en lignes continues pour céréales. Lorsqu'il s'agit de semer des betteraves ou autres plantes à grands écartements, le même semoir peut servir en enlevant une partie des pieds, et le fonctionnement en est simplifié. Une difficulté se présente dans le règlement du distributeur, lorsqu'on veut semer des graines larges et irrégulières comme le maïs à dents de cheval ; pour les distributeurs à cuillères. ce règlement est difficile et jusqu'à présent aucun d'eux n'a pu répartir la semence sur le sol suivant les quantités indiquées par les constructeurs.

Enfin dans certains cas, pour les betteraves par exemple, on aurait intérêt à ne pas semer en lignes continues, puisqu'on doit ensuite ne laisser sur le rang qu'une plante de distance en distance. Il faudrait ne déposer les graines qu'à des intervalles réguliers ; c'est ce qu'on a cherché à obtenir dans les semoirs dits à *poquets* ; malheureusement le problème n'a pas encore été convenablement résolu. Les instruments livrés par les constructeurs pour ces sortes de semis, ne forment pas des tas distincts, mais laissent sur la ligne des traînées avec des vides inégaux exigeant encore une façon pour enlever les plantes en excès.

Dans le semoir Rud Sack, le grain des alvéoles ne tombe pas directement dans les entonnoirs qui le portent aux socs ; des trappes spéciales empêchent l'évacuation continuelle du grain des alvéoles, sur lesquelles sont placées des chevilles qui viennent à certains moments de leur révolution pousser la trappe et déverser le contenu des alvéoles dans les sillons tracés par les socs. Ce système est plus rationnel que le précédent, mais complique beaucoup l'instrument. En résumé, jusqu'à présent, aucun outil pratique ne distribue régulièrement en grande culture, les poquets sur la ligne à des espaces fixes et déterminés.

C'est M. Albaret, dans son semoir à haricots pour la petite culture, qui est arrivé à donner une solution presque satisfaisante du semis en poquets ; on peut même dire que pour les grosses graines le problème est résolu. Cet appareil (fig. 41) se compose d'un bâti A fer et fonte supporté par deux grandes roues R et un avant-train monté sur deux petites roues et muni d'un crochet D, ce qui permet d'atteler indifféremment un ou deux chevaux. A ce bâti sont fixés ou reliés les organes de distribution de graine, les socs et fourches qui enterrent puis recouvrent la graine, ainsi que les leviers, manivelles, etc. qui servent à la manœuvre de l'instrument.

L'organe essentiel, le distributeur se compose d'un cylindre en fonte E calé sur l'arbre F. Ce cylindre porte deux rainures longitudinales *e* servant à recevoir une partie des graines qui ont été mises dans la trémie G. La longueur, et par conséquent la contenance de ces récipients sont déterminées par la position d'une bague en bronze H, munie de deux ergots qui coulissent dans les rainures du cylindre. Cette bague est maintenue en place au moyen d'une vis de pression. La partie inférieure de la trémie G porte du côté où sort la graine une brosse *i*, qui ne laisse passer que les graines contenues dans les rainures, et de l'autre côté deux taquets *j* venus de fonte ; cette disposition empêche toute perte de graine.

Fig. 41

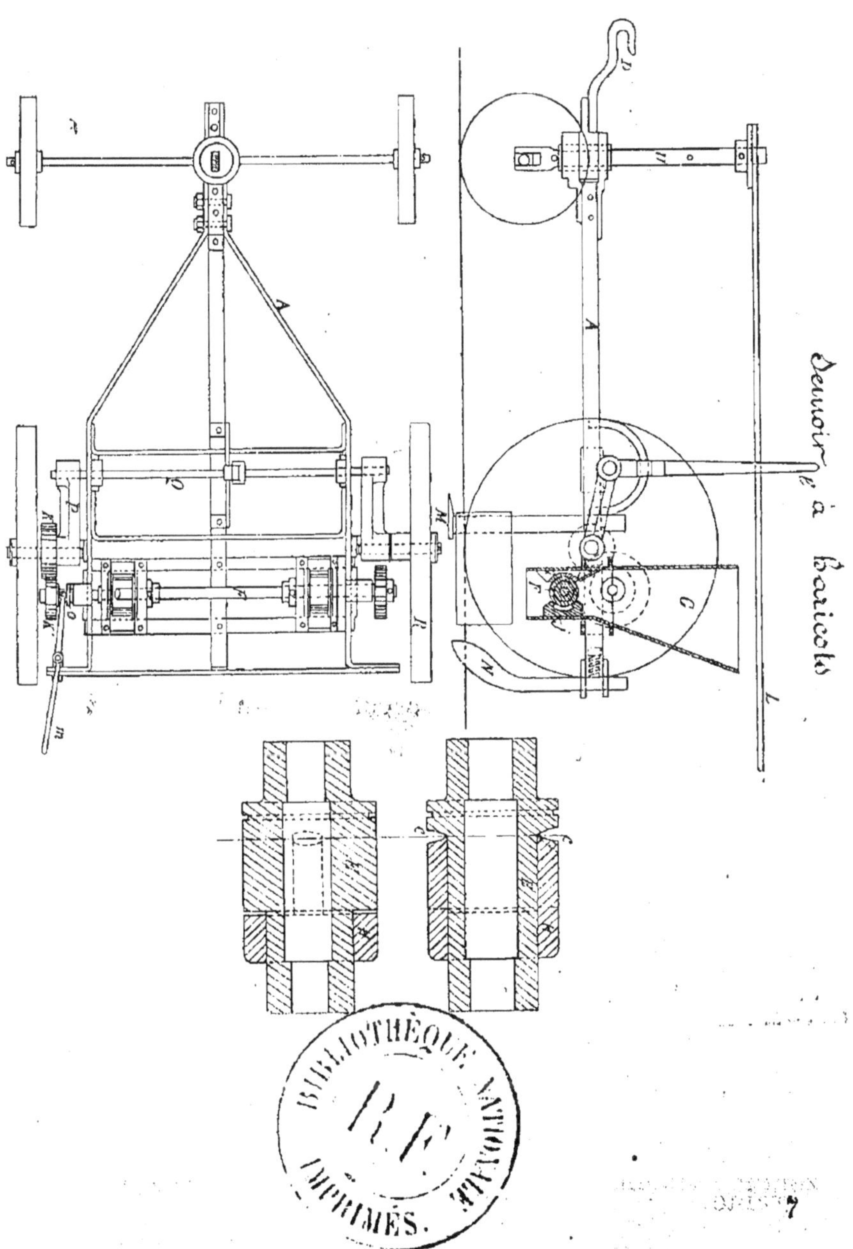

L'arbre du distributeur est mis en mouvement de la manière suivante : à côté de la roue R et sur son arbre, est calé un pignon K' tournant fou sur l'arbre F. Il en devient solidaire au moyen d'un embrayage à griffe *o* pouvant être manœuvré par un levier *m* placé à portée de la main. En variant le rapport des engrenages, on peut obtenir entre les touffes la distance que l'on veut. La semence en sortant du distributeur, tombe dans le sillon formé par le soc M et est immédiatement recouverte par la fourche N, placée derrière le soc. Ce semoir se dirige à l'arrière à l'aide du levier L ; j'ai déjà indiqué les inconvénients de cette disposition, moins défectueuse cependant dans cet instrument dont les trémies sont assez basses pour permettre au conducteur de suivre la trace des roues.

Pour le transport, on peut relever les socs de la manière suivante : le bâti A est relié aux axes des roues R par deux manivelles P, calées sur une entretoise Q. Au milieu de cette entretoise est calé un levier *l* guidé par un secteur. En rabattant ce levier horizontalement, l'entretoise Q est animée d'un mouvement de rotation autour des axes et des roues R, et comme elle est reliée par les deux supports P au bâti A, celui-ci se soulève de façon que les socs et les fourches soient suffisamment écartées du sol.

La partie antérieure du bâti A est constituée par une tête en fonte pouvant coulisser sur la tige U de l'avant-train, de manière que le bâti reste toujours horizontal

Règlement de l'écartement des lignes d'un semoir et conduite de l'instrument sur le champ.— J'ai déjà dit qu'une fois l'écartement entre les lignes continues déterminé, il faut s'arranger pour maintenir sur tout le champ à semer ce même écartement des lignes ; or quand on a tracé sur le terrain une première bande de toute la largeur de l'instrument, on doit au retour en faire une seconde dont la première ligne soit à une distance de la dernière du précédent train de semoir, rigoureusement égale à l'écartement de deux socs. Il faut donc que les pieds de l'instrument soient réglés par rapport aux roues, à des distances permettant de se servir pour la direction dans un nouveau train (ce qu'on appelle *reprises*) des traces de roues sur le sol. Pour arriver à faire d'une manière mathématique ce règlement d'écartement de socs, il faut se servir d'une planche bien dressée (fig. 42 et 43) un peu plus longue

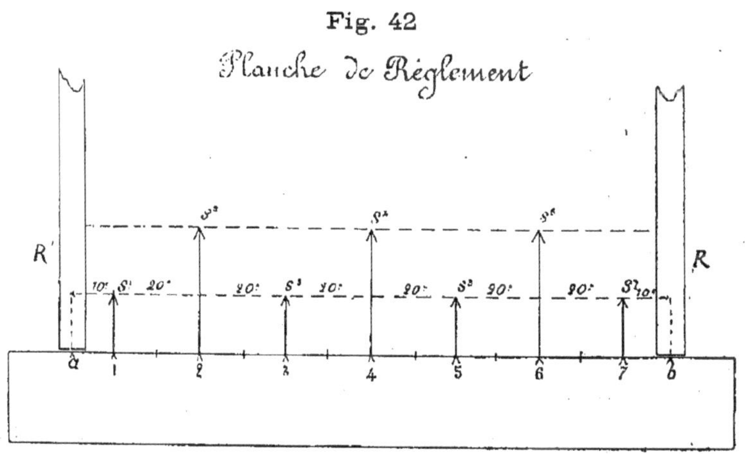

Fig. 42

que la distance séparant les deux roues porteuses de l'instrument. On trace sur la planche perpendiculairement à sa longueur, deux lignes correspondant au milieu de la jante des roues contre lesquelles on l'appuie, puis on partage la longueur *a b* en un nombre de parties double de celui des lignes à tracer par les socs du semoir, par exemple 14 divisions pour un semoir à 7 socs ; soit un semis (fig. 42) à 0^{m}20 d'écartement, le premier soc sera à 0^{m}10 de *a* en S', sur le prolongement de 1, le deuxième en S^{2} sur le prolongement de 2 et à 0^{m}20 de 1, les socs 1, 2, 3, 4, 5, 6, 7 étant placés de deux en deux divisions pour le dernier soc se trouver en S^{7} en face la division 7 à 0^{m}10 du milieu de la roue R.

Dans la plupart des semoirs, les deux grandes roues RR, sont à des écartements fixes ; ce qui ne permet pas toujours d'obtenir tous les intervalles entre les lignes qui conviennent à certaines cultures. Lorsqu'on ne peut placer le milieu des jantes de RR' au demi écartement des lignes, quelquefois on se guide seulement pour les reprises sur les roues d'avant-train supportées par deux essieux que l'on peut rapprocher ou éloigner à volonté, mais cela forme deux traces de roues qui embarrassent le semeur, et l'on ne peut ainsi obtenir des écartements réguliers ; il vaudrait mieux pouvoir faire varier la position des grandes roues. M. Smyth a disposé son petit semoir de manière à obtenir ce résultat ; les grandes roues sont supportées par un long essieu muni de flottes que l'on peut mettre d'un côté ou de l'autre des clavettes maintenant les fusées, ce qui permet de modifier l'écartement entre ces roues. Afin que la commande du distributeur puisse toujours se faire, les pignons placés sur les moyeux des roues porteuses sont coniques, et on peut les retourner de manière à actionner les engrenages calés sur le distributeur dans deux écartements différents ; mais cette disposition, dont le principe est excellent, n'a été adoptée, ni par ce constructeur, ni par d'autres, dans les grands semoirs dont les combinaisons d'espacements de lignes sont par cela même restreintes.

Fig. 43

Vue de l'arrière d'un semoir réglé

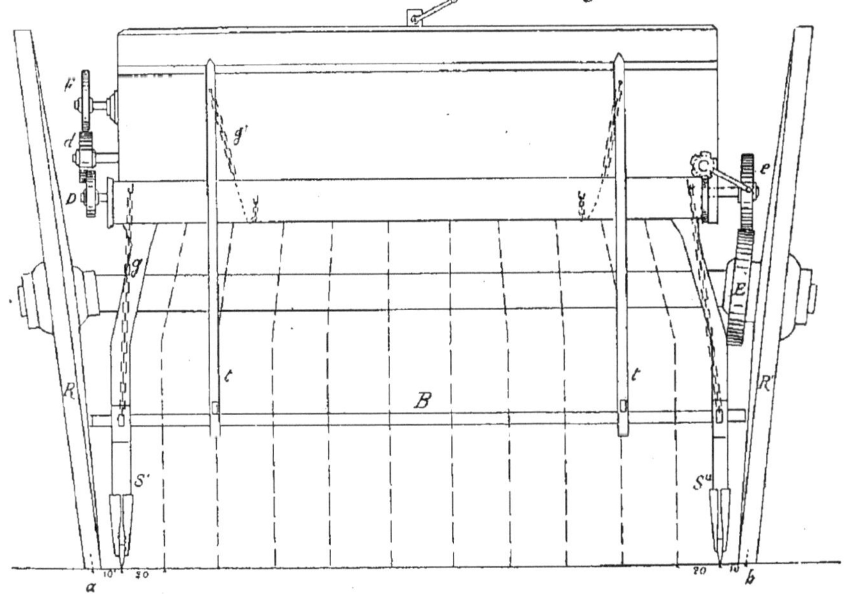

Le semoir une fois réglé on le conduit au champ ; il est prudent d'emporter la planche de règlement, afin de vérifier, avant la mise en marche, si rien n'a été dérangé pendant le transport. Le semeur charge alors la caisse de grains et, distributeur embrayé, commence la première ligne suivant la direction A B (fig. 44) le plus près possible du bord du champ. Si le champ à semer est bordé d'une haie dont le semeur ne peut approcher avec la barre de direction il se place pour diriger l'instrument dans cette première bande sur le côté opposé, exactement à une distance de la haie correspondant à quelques centimètres de plus que la largeur de l'outil, de manière que le premier soc trace une ligne très rapprochée de A B ; il jalonnera la direction de la roue R sur toute la longueur de la pièce à semer, afin d'être bien guidé pour effectuer cette première bande dont dépendent toutes les autres. Dans ce cas, si l'on commence à semer par la gauche, le conducteur se place à droite tenant la barre *b'*, *b* étant replié les chaînes *g g'* attachées. Arrivé au bout du champ en A il décroche *g* et fait pivoter le semoir autour de R' en tenant toujours *b'* ; dans quelques semoirs on place un sabot sous R' pour faciliter ce pivotage sur place.

Après cette manœuvre le semoir se trouve dans la position (2) ; on raccroche *g'* on replace *r'* bien sur le train de R', et alors le conducteur suit exactement avec *r* la trace faite au premier tour par R' jusqu'en B, mais en B, quand il aura fait pivoter le semoir sur R, il sera obligé de changer de côté et de rabattre le bras *b'*, de manière à diriger sur la roue R autour de laquelle le semoir tournera cette fois, avec le levier *b*.

Il va sans dire que pour tracer des lignes régulières, enterrer convenablement la graine et exécuter un bon semis, il faut que la terre soit bien préparée et les façons terminées par un hersage perpendiculaire au semis, qui fait mieux distinguer les lignes tracées par les pieds du semoir. Au printemps on peut souvent semer sur roulage, les betteraves surtout. Pour les semailles d'automne cette préparation du sol pour les semis en ligne semble trop longue, et c'est une des raisons pour lesquelles certains cultivateurs préfèrent les semis à la volée ; mais les semailles ne sont jamais bonnes dans des terres à peine divisées, et le temps passé aux façons supplémentaires nécessitées par le semoir est bien payé par la régularité de la levée et la fermeté des tiges de plantes, dont les racines sont toutes aussi fortes, étant

Fig. 44

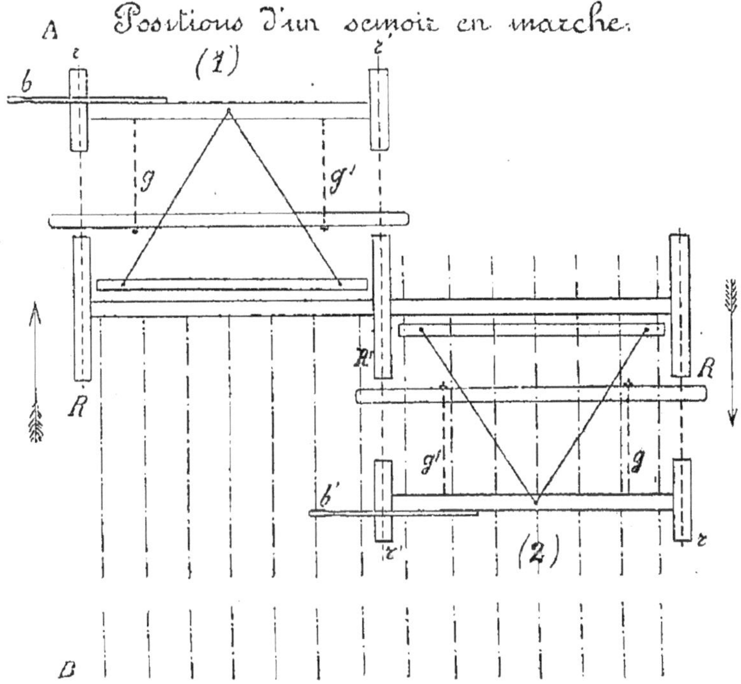

fixées dans le sol à la même profondeur. D'ailleurs à l'automne lorsque le terrain n'est pas trop dur, on peut encore faire fonctionner le semoir dans une terre où se trouvent des mottes d'un certain volume, ce que recherche quelquefois le cultivateur car ces mottes sont souvent utiles à conserver pour permettre de renchausser au printemps les blés par un roulage.

Un mot enfin sur le rôle de l'ouvrier placé par derrière pour surveiller la marche de l'outil. C'est lui qui est chargé de remplir de grains la trémie, avec l'aide du conducteur, et de vérifier si le distributeur est réglé pour la quantité de grain qu'on veut semer à l'hectare. Lorsque par expérience il a reconnu les quantités les plus favorables à semer pour chaque espèce de graine et chaque nature de terre, il doit noter avec soin les combinaisons d'engrenages qui correspondent à ces différentes quantités. Enfin en commençant le travail il faut, lorsque cela est possible, reculer le semoir d'un mètre environ en arrière du champ et embrayer le distributeur, car même quand les trappes de la première trémie sont ouvertes et que les grains sont envoyés régulièrement aux socs, il faut un certain temps pour permettre à ces grains de tomber sur le sol, et pendant le premier mètre de parcours ils ne sont pas arrivés jusqu'aux socs. Pour obvier à cet inconvénient, dans le semoir Albaret on peut soulever une des grandes roues motrices à l'aide d'une chèvre portative et la faire tourner à la main pour actionner le distributeur, jusqu'à ce que les tubes soient remplis de grains et alimentent les socs ; la chèvre portative sert aussi pour le graissage des roues de l'instrument.

Lorsque le semoir, pour une raison quelconque, est arrêté en plein champ, il y a une interruption dans les lignes à la reprise, et l'on est obligé de semer à la main dans chaque raie sur un mètre environ. Cette précaution est indispensable si l'on veut avoir une ligne continue. Au départ il faut aussi s'assurer si les socs, précédemment relevés pour le transport, sont abaissés et si les poids placés à l'arrière sont suffisants pour les faire entrer dans le sol à la profondeur voulue. Enfin l'ouvrier qui surveille la marche du semoir doit suivre des yeux le distributeur et avec une pièce de fer en forme de lance, dégager les herbes, le fumier ou les pierres qui gênent la marche des socs et les empêchent de pénétrer dans le sol ; il doit soulever à la main ceux des socs qui traînent ; enfin si une pierre large s'est engagée entre deux socs, il devra, après l'avoir enlevée, vérifier si cette pierre n'a pas coincé entre les socs et ne les a pas fait écarter en augmentant la distance entre deux lignes consécutives.

Quand le semoir est tiré par des bœufs, la conduite de l'instrument exige trois ouvriers, le bouvier, le conducteur du semoir et l'ouvrier placé par derrière qui surveille la marche de l'outil. Dans le nord de la France on se sert généralement pour faire marcher le semoir, de chevaux conduits au cordeau ; c'est alors le semeur qui tient le cordeau des chevaux et les dirige en même temps que l'instrument. Ce système est bien préférable, il économise un homme, et le semeur, tenant ses animaux dans la main, les empêche de faire ces écarts brusques qui entraînent souvent l'outil malgré le semeur lorsqu'il ne dirige pas l'attelage.

Pour aller plus vite, certains agriculteurs ont voulu répandre l'engrais en même temps que la semence, et pour répondre à ce désir, les constructeurs ont établi des instruments assez compliqués munis de deux caisses et de deux distributeurs, une caisse pour l'engrais et une pour le grain, chacune des caisses portant des tubes terminés par des socs séparés ; l'engrais est placé à des profondeurs variables à volonté, et recouvert de suite de terre pour éviter le contact direct de la graine et de l'engrais qui pourrait gêner la levée. Ces instruments fort compliqués, coûteux, lourds, s'encrassent rapidement, sont difficiles à nettoyer, et par conséquent vite hors de service ; les agriculteurs s'en servent peu maintenant.

Considérations générales sur l'emploi des semoirs. — Les avantages des semis en lignes sont reconnus aujourd'hui, mais les auteurs qui en ont prôné l'emploi n'ont pas assez insisté sur la nécessité d'avoir un bon outil. S'il est vrai qu'un semis en lignes bien exécuté donne économie de semence et excellente distribution de cette semence, levée et croissance uniforme de la plante, facilité de sarclage, résistance aux intempéries, moindre tendance à la verse pour les céréales, augmentation de récolte, tous ces avantages ne sont obtenus qu'avec un excellent instrument, bien construit et bien conduit. Souvent le cultivateur séduit par un article ronflant ou une conférence éloquente se décide à acheter un semoir ; mais avec cet esprit d'épargne et d'économie, qui domine chez nos paysans français, il ne veut pas prendre un outil d'un prix élevé et il achète le premier instrument venu, sans l'essayer sans étudier son mécanisme, chez le charron de son village qui en est le constructeur ou le dépositaire. Le distributeur est simple, les socs sont fixes, un cheval attelé à un brancard le conduit. Ce cultivateur veut semer du blé ; ordinairement à la volée il met 180 litres de grain à l'hectare ; il pense qu'avec son semoir il aura assez de 150 litres, et il demande à son charron de régler l'outil pour cette quantité. Le charron ne s'y entend pas plus que lui, et fait au hasard le règlement du distributeur. Le champ terminé le cultivateur s'aperçoit qu'il a semé 250 litres à l'hectare, au lieu de 180 litres qu'il semait auparavant à la volée ; voilà l'économie de semence ! Les pieds fixes du semoir ont enfoncé inégalement, le sol était humide et l'un des pieds fixes a labouré la terre qui est venue en tire-bouchon retomber dans la trémie à grains (j'ai vu pareil fait se produire à Noisiel en 1889 dans des essais internationaux) ; certains pieds ont déposé les grains sur le sol sans l'enterrer, d'autres les ont enfouis à 0m 15 c. en terre, les uns ont été mangés par les oiseaux, les autres n'ont pas levé. Enfin le semoir n'ayant pas d'avant-train, le cheval attelé au brancard, a incliné tantôt à droite, tantôt à gauche, et les lignes forment sur le sol des zigzags où il ne sera jamais possible de passer la houe. Le malheureux cultivateur désolé brisera l'instrument et maudira le conférencier. Pour éviter ces déconvenues, on ne saurait trop répéter aux agriculteurs qu'un semoir ne peut rendre des services que s'il est de bonne construction, muni de socs mobiles et d'un avant-train facilement dirigeable. Avant d'acheter l'instrument, le cultivateur doit l'essayer ou se faire garantir sa bonne marche par le vendeur, c'est-à-dire stipuler qu'il pourra, avec cet outil, semer à l'hectare la quantité de graine qu'il veut, la déposer à la profondeur voulue, et à des écartements variant dans d'assez grandes proportions, en recouvrant la semence convenablement. Enfin il devra s'assurer si l'on peut vider et nettoyer facilement le semoir.

Il faut aussi ne pas oublier que l'emploi du semoir mécanique a surtout pour but de permettre de sarcler entre les lignes pour enlever les plantes parasites qui se développent sur le champ semé, aux dépens de la récolte qu'on veut obtenir. Or le sarclage mécanique n'est pas toujours facile à exécuter dans les céréales. Pour détruire toutes les herbes parasites, il faut faire passer la houe à cheval au début de la végétation ; mais quelquefois la terre est battue et dure à ce moment, la houe pénètre difficilement, la moindre pierre la fait dévier et les couteaux détruisent la plante. Pour rendre le sarclage plus facile, on peut, surtout lorsqu'on commence à se servir de semoirs dans une exploitation, effectuer le semis de la manière suivante : On règle l'instrument pour faire deux bandes rapprochées à 0, 08 d'écartement entr'elles par exemple, ces doubles bandes étant écartées l'une de l'autre de 0^m 24 (fig. 45). On forme ainsi des lignes continues épaisses avec les deux rangs rapprochés dont les tiges se rejoignent et ne permettent pas le développement des herbes parasites, laissant entr'elles des intervalles où il est très facile de passer la houe ; on obtient ainsi un semis correspondant, comme semence employée, à des écartements fixes de 0^m 16. Les semis ainsi exécutés réussissent parfaitement, les tiges des doubles lignes en bandes se soutiennent très bien, et les céréales n'y versent presque jamais. Toutefois pour exécuter des semailles de cette nature il faut qu'on puisse rapprocher les socs ou les incliner suivant la position indiquée par la fig. 45.

Fig. 45

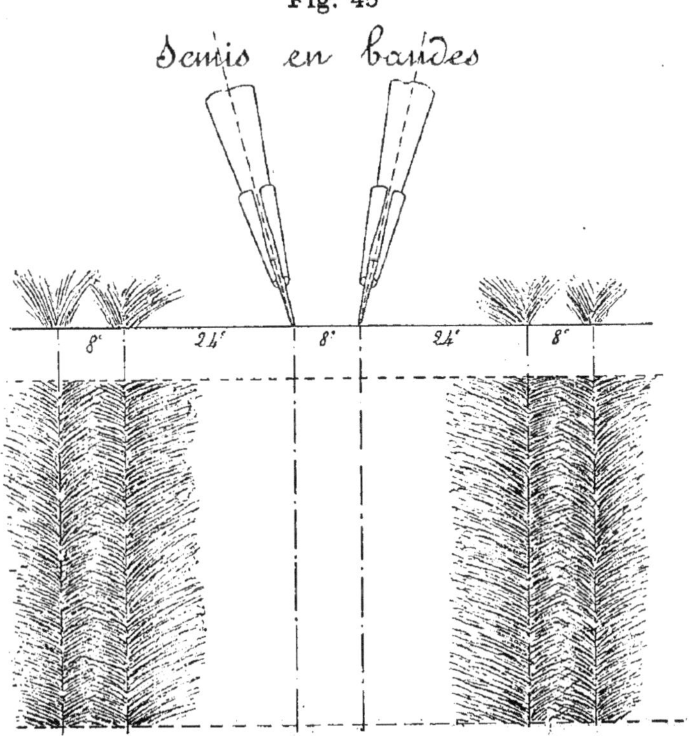

Prix de revient du Travail d'un semoir. Le prix d'un semoir à grains est encore élevé : un bon semoir distribuant la semence sur 2[m] de large coûte environ 900 francs et les frais occasionnés par une journée de travail de 10 heures peuvent s'établir ainsi :

Un charretier ou bouvier.	2 50
Un ouvrier pour surveiller le travail. .	2 50
Un semeur.	3 »
Deux chevaux à 5 fr.	10 »
Intérêts et amortissement à 15 °/₀ l'an de 900 fr. pendant 40 jours de travail. .	3 37
Total	21 f. 37

La surface semée par journée de dix heures est à peu près la même que celle travaillée par un distributeur d'engrais, 4 hectares 60 ares, et le prix de revient à l'hectare est de 4 fr. 70 c. ; il en résulte, pour le blé par exemple, que l'économie de semence, au prix moyen de 22 francs le quintal, paie presque les frais d'ensemencement. Reste le gros déboursé d'achat, qui pourrait être facilité, si les conditions des crédits faits à l'agriculture deviennent meilleures, ainsi que le recherchent nos législateurs.

Planteurs de pommes de terre. Dans certaines contrées près des villes ou à proximité de féculeries, on cultive la pomme de terre sur de grandes étendues de terrain, et l'on a remarqué que le rendement est sensiblement augmenté quand chaque tubercule est planté à des distances et des profondeurs régulières. Il y a donc intérêt à effectuer mécaniquement ce travail, tant pour l'économie de main-d'œuvre que pour la régularité de distribution. Plusieurs tentatives ont été faites pour construire des planteurs de pommes de terre ; peu jusqu'à présent ont bien fonctionné, cependant deux appareils nouveaux méritent d'être signalés, ce sont les planteurs Japy et Amiot et Bariat ; avec quelques perfectionnements ils deviendront tout à fait pratiques.

Le planteur *Japy* (fig. 46) est très simple, il faut seulement faire un triage préalable des pommes de terre, et ne les introduire dans l'instrument qu'après les avoir fait passer dans une espèce de grille percée de trous de la grosseur de celles qui peuvent être prises par le plantoir proprement dit. Cet instrument fonctionne de la manière suivante : sur l'arbre central O recevant son mouvement des roues de l'avant-train, est fixé un embrayage à mâchoires qui peut le rendre solidaire de la roue de gauche R, fixée sur un manchon concentrique à O et fou sur cet arbre ; de telle sorte que le mécanisme comme dans les manèges peut marcher dans un sens, celui du tirage, et ne pas fonctionner lorsque l'appareil tourne ou que les animaux de trait reculent. La distribution des pommes de terre se fait au moyen du plateau B. Ce plateau est animé d'un mouvement de rotation au moyen des engrenages coniques *p p* dont on peut faire varier les diamètres selon que l'on veut augmenter ou diminuer le nombre des tubercules sur la ligne. Ils sont pris en bas de la trémie et amenés dans le tube de descente par le mouvement de rotation ; une pièce *e* empêche que d'autres pommes de terre soient entraînées à la partie supérieure du plateau B, ce qui ferait double emploi. Les tubercules sont primitivement amoncelés dans la trémie supérieure L mise en communication avec la trémie inférieure par une trappe V. Afin que cette trappe ne s'engorge pas, il faut secouer les pommes de terre dans L ; on obtient ce secouage au moyen de la trappe H qui se lève et s'abaisse par le mouvement de la caisse K, qui agit sur le levier G et par conséquent sur H ; un ressort puissant *r* ramène brusquement en arrière la pièce H soulevée par G. L'enterrage se fait à l'aide de deux socs à versoirs placés à l'arrière, semblables à ceux de la herse Pilter-Planet, socs que l'on peut, comme dans cet outil, approcher ou éloigner du centre pour augmenter ou diminuer l'enterrage.

MM. Amiot et Bariat, viennent aussi d'établir un instrument peut-être plus parfait que le planteur Japy mais dont le mécanisme est un peu compliqué. Ce planteur a donné de très bons résultats, surtout dans les terrains légers, et ne renfermant pas beaucoup de pierres.

Le planteur de pommes de terre de ces constructeurs (fig. 47) se compose d'un bâti principal portant une trémie A, supporté par deux roues motrices R placées un peu à l'arrière ; à l'avant, deux petites roues *r* mobiles autour d'une cheville ouvrière, servent à la direction de l'outil au moyen d'un levier gouvernail.

Les pommes de terre à planter sont mises dans la

Fig. 46

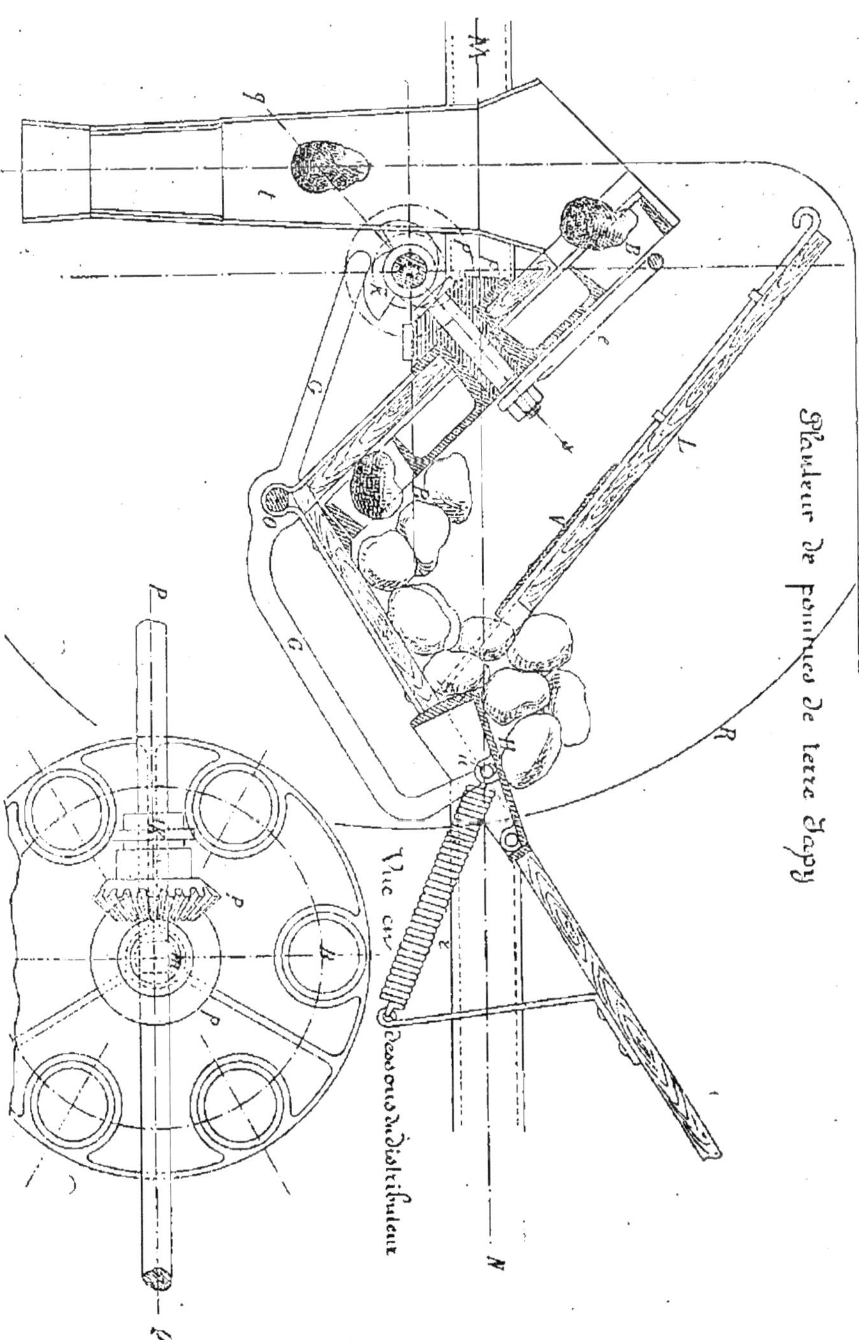

trémie A, dont le fond est incliné vers des griffes B qui peuvent être animées d'un mouvement de rotation ; les extrémités de ces griffes sont armées de mains, pour les amener sur les plans inclinés C qui les conduisent dans l'auget D où s'alimentent les distributeurs E. Le nombre de bras de ce distributeur, que l'on peut augmenter ou diminuer, détermine la distance de plantation sur la ligne, puisque la vitesse du distributeur ne varie pas. Les bras portent à leurs extrémités de petites griffes entre lesquelles les tubercules sont pris sur le fond mobile F, la pression de ce fond mobile se règle par deux ressorts à boudin *u*.

Le déclanchement des griffes ou pinces se fait en H contre une nervure inclinée forçant au passage le point *t* à articuler en *s* et obligeant la pomme de terre à tomber dans le soc creux S, qui a formé un sillon à la profondeur voulue réglée par le levier L venant buter contre le taquet à coulisse W. Les branches M couvrent par derrière les plants déposés dans le sillon en ramassant la terre que le soc a refoulée de chaque côté.

L'appareil se dirige à l'avant comme un semoir par un levier gouvernail, en maintenant le guide vertical *z* sur la ligne que le traceur *p* a laissée sur le sol. Ce traceur placé derrière M est mobile et peut être placé selon les besoins à droite ou à gauche. Pendant le fonctionnement la cheville a est retirée afin que la traction exercée par les animaux ne gêne pas la direction de l'avant-train. Un débrayage permet d'arrêter le mouvement des griffes B ou de les remettre en marche suivant que l'auget D est plus ou moins rempli. En variant le nombre des bras B du croisillon, on peut régler dans de

Fig. 47

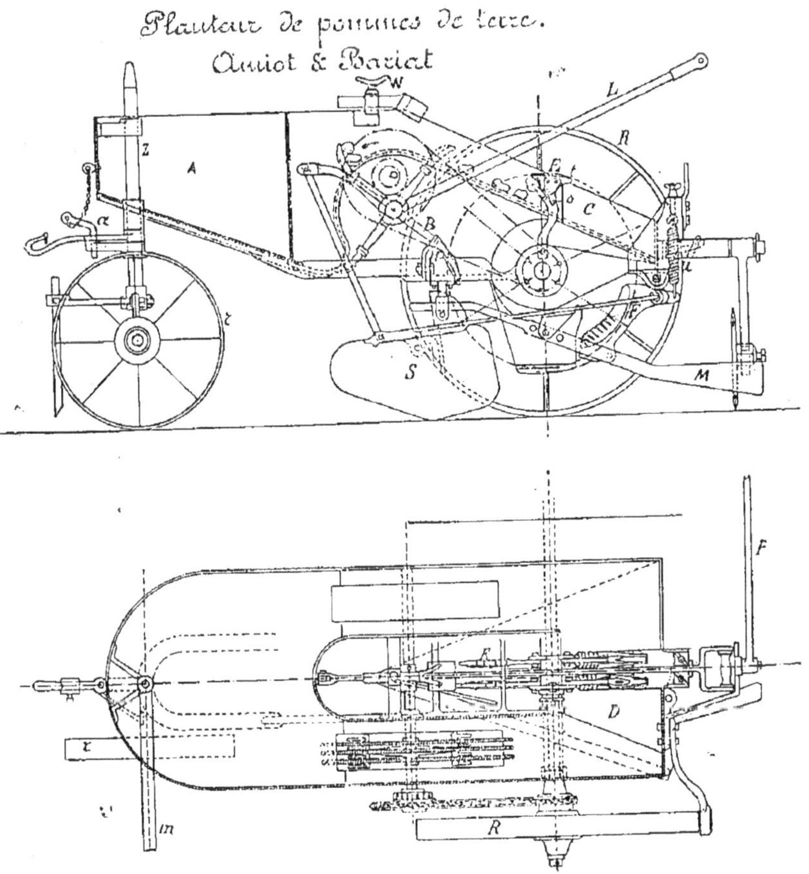

certaines limites l'alimentation de l'auget D ou du distributeur. Cet appareil fonctionne régulièrement, mais il a comme le planteur Japy l'inconvénient d'exiger un triage préalable de pommes de terre.

Ces deux planteurs Japy et Amiot et Bariat n'ont pas encore travaillé assez longtemps pour qu'il soit possible de se rendre compte d'une manière exacte de la surface plantée par jour et du prix de revient du travail.

Chapitre IV

Houes à cheval

Les semis en lignes régulières et continues exécutés au semoir ne présenteraient pas de très grands avantages, s'ils ne faisaient qu'assurer une levée régulière et procurer une notable économie de semence. Il faut compléter ce perfectionnement cultural, en assurant l'enlèvement des plantes parasites qui se trouvent entre les lignes. Cette façon qu'on nomme *sarclage* ou *binage*, ne doit pas seulement s'appliquer aux racines ou tubercules, betteraves, carottes, pommes de terre, etc... qui ne se développeraient pas sans cela, mais à presque toutes les plantes cultivées, et en particulier aux céréales.

Le binage, exécuté d'abord à la main dans certains pays de culture intensive, se fait maintenant avec des appareils conduits par des animaux, nommés communément *houes à cheval*. Ces houes peuvent ne nettoyer qu'un rang à la fois, et alors elles sont surtout employées pour les plantes semées à grand écartement, ou travailler entre plusieurs lignes ; les principes de construction sont à peu près les mêmes pour ces deux types d'instruments.

Généralement les houes se composent de trois parties. 1° L'*appareil de support* et de traction. 2° Le *bâti* où sont fixés les pieds ou socs. 3° *Les pieds ou socs.* 1° L'*appareil de support* se compose d'un essieu muni de deux roues, et la traction s'effectue soit à l'aide d'un brancard fixé sur le bâti, soit au moyen d'un avant-train à deux roues. Pour le binage des céréales, qui rend la direction assez difficile, par suite du rapprochement des lignes entre lesquelles il faut passer, le système à avant-train est préférable. En général, dans les instruments de fabrication anglaise, le même avant-train sert pour le semoir et la houe. Il est d'ailleurs nécessaire, pour un bon travail, que la houe puisse fonctionner sur une même largeur que le semoir, afin d'obvier aux inconvénients résultant des différences d'écartement entre les lignes, qui existent presque toujours aux *reprises*. La houe se conduit alors comme le semoir ; le conducteur fait passer une des roues de l'avant-train sur la trace de la roue du train précédent, le couteau du soc extrême de l'instrument prenant la moitié de l'espace entre les lignes de *reprises*. Mais avec ces outils il faut placer un ouvrier à l'arrière pour guider les pieds, empêcher que les socs ne coupent les lignes de plantes, et aussi pour enlever les herbes qui peuvent les engorger.

2° Cette nécessité d'éviter à tout prix de couper les lignes de plantes semées demande des dispositions spéciales dans le *bâti porte-socs*. Il faut que ce bâti puisse très facilement et sans effort se déplacer dans le sens horizontal et même se relever brusquemment dans le sens vertical. Le relèvement et le déplacement dans le plan horizontal s'effectuent, dans les houes simples, en soulevant l'outil par les mancherons placés à l'arrière. Mais ces mouvements ne suffisent pas toujours, car, dans certains cas, il faut souvent dans une même raie pouvoir rapprocher la distance qui existe entre les deux socs extrêmes. Les houes dans lesquelles on peut effectuer l'éloignement ou le rapprochement des socs sans déplacer leur attache sur le bâti, s'appellent *houes à expansion*. Ces houes peuvent être à expansion angulaire ou à expansion parallèle.

Les instruments du premier type se composent d'un bâti en forme de triangle articulé au sommet, dont les branches latérales se resserrent ou s'écartent en tournant autour de ce sommet. Les houes de ce système ne sont pas à recommander, parce que les socs de ces outils pénètrent dans le sol d'une façon différente et par conséquent ne travaillent pas de même, suivant que l'angle d'ouverture ou d'expansion est plus ou moins grand.

Un instrument, qui tout en s'articulant au sommet, n'a pas les mêmes inconvénients que la plupart des outils à expansion angulaire, est la houe *Pilter Planet*, dont le mouvement d'ouverture, au lieu d'être direct, s'opère par un ou plusieurs leviers agissant sur les branches porte-socs par l'intermédiaire d'un certain nombre d'articulations. Un autre levier permet de modifier l'entrure des socs. C'est un instrument simple et solide, sur le bâti duquel peuvent s'adapter un nombre considérable de pieds différents, permettant d'effectuer des travaux divers de nettoyage, et même de petits labours.

Le plus simple des instruments du second type est la houe à expansion parallèle de M. Souchu Pinet. Le levier L (fig. 48), fixé sur le bâti de cet instrument, destiné à modifier l'écartement des socs, agit symétriquement de chaque côté de l'axe de traction pour éloigner deux ou plusieurs socs latéraux du soc central. Cet outil ne travaille que dans un seul rang, et sert surtout pour sarcler les betteraves fourragères ou les pommes de terre. Le bâti en fers plats entretoisés A B C porte des socs S^1 S^2 S^3 soudés ou fixés à l'aide de boulons sur des tiges en fer recourbées *f f*, pouvant glisser dans des mortaises pratiquées dans A B C. Le mouvement de déplacement parallèle des socs dans ces mortaises s'obtient à l'aide du levier L, dont l'une des extrémités est boulonnée en *o* sur une pièce *b c* articulée avec d'autres pièces *a b c d*, fixées sur les tiges *f f* des socs S^2 S^3. Si le conducteur incline à droite le levier L, il rapproche S^2 et S^3 du soc du milieu S^1 qui est fixe ; si on incline L à gauche, on éloigne les deux socs mobiles du soc fixe.

Le levier L porte une petite pièce à ressort qui, se fixant dans les dents du secteur K, maintient L et par conséquent les socs dans la position que l'on veut leur faire occuper. Lorsque la houe porte cinq socs (fig. 48), on a rarement à déplacer en travail les deux socs d'avant s ; aussi les dispose-t-on d'avance dans la position convenable en maintenant les tiges fixes dans les mortaises de B et C, à l'aide de deux clavettes. La houe porte à l'avant une petite roue de support *r* fixée sur l'age D à la hauteur voulue au moyen d'une vis. Cet

Fig. 48

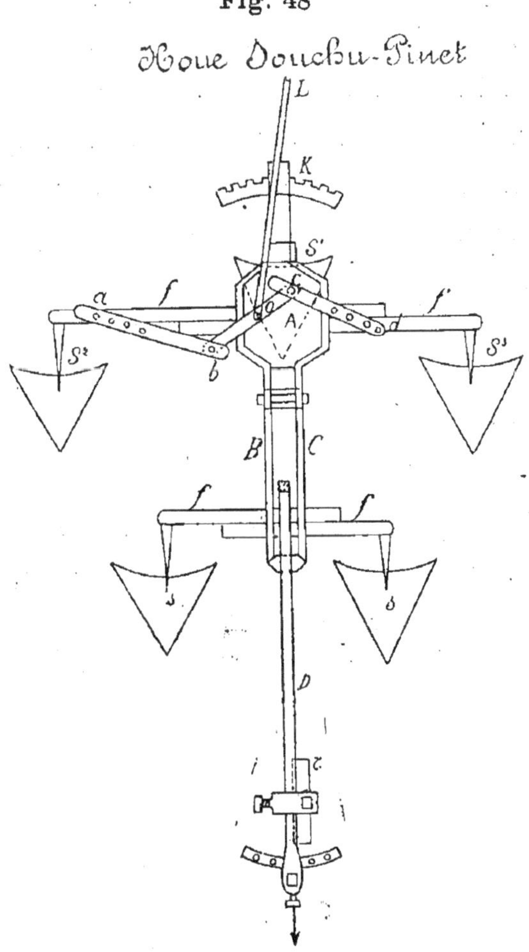

instrument fonctionne très bien, et la manœuvre en est simple; mais il faut empêcher la rouille de se mettre sur les tiges et bien les graisser ; car dès que des rugosités se forment sur ces tiges, leur glissement dans les mortaises ne s'opère pas bien, la pénétration d'un fer carré dans une pièce de même forme ne se faisant pas dans de bonnes conditions.

Quand on se sert de la houe de M. Emile Puzenat, (fig. 49), on peut à l'aide du levier L produire les mêmes mouvements qu'avec le levier de l'instrument de M. Souchu Pinet ; mais en outre, avec cet outil il est possible d'éloigner ou de rapprocher l'un quelconque des socs latéraux de celui du milieu. Cette houe se compose d'un bâti fermé de trois barres parallèles en fer plat A B C placées de champ, portant à l'arrière des mancherons *m*, à l'avant une coulisse *i* où peut circuler et le support de la roue *r* et l'attache de la chaîne du tirage *g* ; de telle sorte que la roue *r* peut se déplacer suivant les besoins du travail, ainsi que la chaîne *g* ; cette chaîne *g* peut, par cette disposition, s'attacher en un point quelconque de la barre à crans *u*, placée le plus près possible du point d'insertion de la résultante des efforts de traction. Entre A et B coulissent des barres en fer plat G percées de trous supportant les socs à leur extrémité ; la tige porte-socs *t* est terminée à sa partie supérieure par un taraudage formant boulon, sur une partie cylindrique assez longue pour traverser d'autres barres en fer plat K aussi percées de trous, qui peuvent, par des clavettes *f*, être rendues solidaires d'une pièce portant à son milieu un levier L, maintenu quand on le veut dans une position fixe par un secteur à crans *s*.

Lorsqu'on incline L à droite ou à gauche on éloigne ou on rapproche les tiges *t* et par conséquent les socs.

On peut aussi, avec cet outil, maintenir un côté des porte-socs fixe, en retirant le banc K et en fixant une chevile *e* sur la barre G contre le bâti B. Enfin on peut régler l'amplitude maxima d'expansion des pieds en plaçant les clavettes *f* dans des trous plus ou moins éloignés de *t*. Cet appareil rend de grands services pour biner entre les plants de vignes, et permet de chausser ou de déchausser les ceps.

Fig. 49

Houe à expansion Emile Puzenat

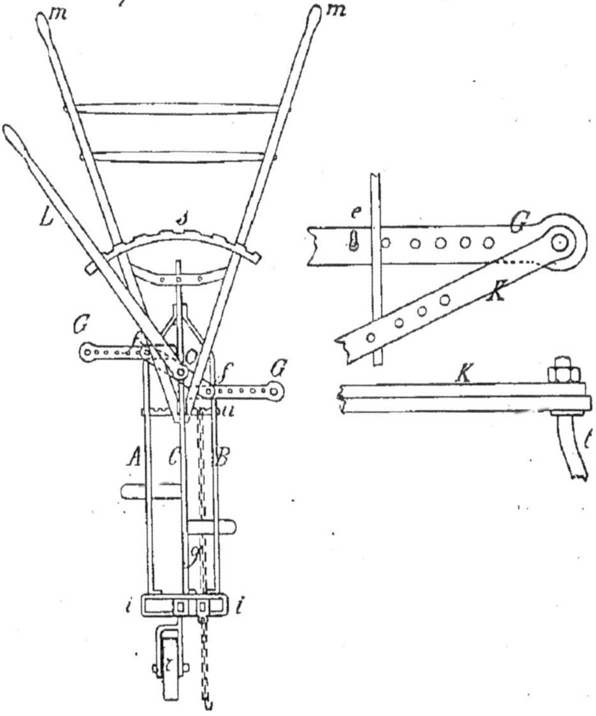

Cette houe et celles précédemment décrites ne nettoient qu'une entre-ligne ; mais on a construit aussi des instruments basés sur le principe de l'expansion, qui travaillent plusieurs lignes à la fois. Ces houes s'emploient surtout dans les plantes sarclées, lorsqu'en enterrant les graines on a dérangé les lignes de semis, qui ne se trouvent plus alors à des écartements réguliers, ou bien lorsqu'on sème des betteraves sucrières à des distances variables, comme le font certains fabricants pour obtenir un grand nombre de pieds à l'hectare. Ces agriculteurs industriels sèment en effet deux lignes écartées de 0^m40 pour permettre au cheval conduisant la houe de passer entre les rangs, et de chaque côté de ces deux lignes deux autres à 0^m30 ou 0^m35 d'écartement. Dans ces conditions, il est commode d'avoir une houe sur laquelle on peut très rapidement modifier l'éloignement des socs les uns par rapport aux autres, et aussi la distance entre l'axe de deux systèmes de socs.

La houe Durand, (fig. 50), répond bien à ces besoins. Elle se compose d'un bâti monté sur deux roues R au-dessus desquelles on peut l'élever ou l'abaisser par rapport au sol, à l'aide de la manivelle *m* actionnant une crémaillère E par l'intermédiaire d'une vis *v* et d'un pignon *e*. Le bâti est supporté par une pièce *M o u*, au moyen d'un boulon fixé en O par un écrou ; cette pièce *M o u* est terminée d'un côté par des mancherons M, de l'autre côté par une fourche maintenue à l'aide d'un boulon *u* sur une traverse ; elle peut osciller à droite ou à gauche de *u* ; ce qui permet à tout le bâti de se déplacer latéralement.

Le corps de la houe proprement dite est formé de deux tubes en fer creux A et B, sur lesquels glissent les douilles porte-socs. Cet outil peut travailler dans plusieurs entre-lignes ; M. Durand construit des instruments à 2, 3, 4, 5 et 6 rangs. Chaque rang peut porter 3 douilles. La figure indique la disposition des douilles dans un rang, et les moyens employés pour éloigner ou rapprocher les socs de ce rang d'un autre. Au milieu d'une entre-ligne se trouve une pièce D en fonte qui peut glisser sur les tubes A et B, et qui porte une mortaise K où se serre le soc à l'aide d'une vis *x*. Au centre *c* de cette pièce s'articule un levier G ; sur le côté un renflement venu de fonte sert d'attache à la tige I ; en arrière un arc denté s permet d'arrêter le levier G. Une

Fig. 50

Houe multiple à expansion Durand.

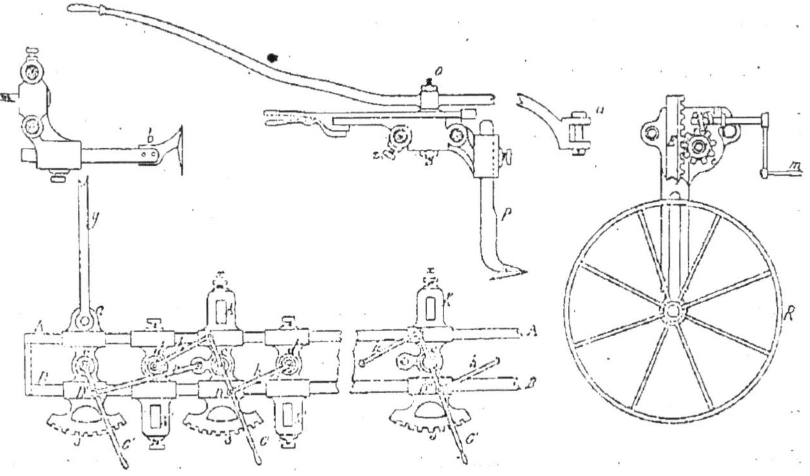

vis *z* peut fixer tout le système sur A B, lorsque la largeur des rangs reste invariable dans un même champ. Le levier G porte deux *œils* où se fixent les bielles *h* faisant mouvoir les porte-socs *K'*. On peut ainsi avec G approcher ou éloigner les pièces *d* du centre c de la pièce D.

En outre le levier G' par l'intermédiaire de I peut rapprocher ou éloigner suivant leurs positions les pièces D, soit de la pièce extrême D' supportant le bâti à l'aide de la barre *y*, soit d'une pièce D'' centre d'un système semblable de socs. On obtient donc avec cet outil une série de combinaisons rapides pour modifier l'écartement des socs dans un rang, et rapprocher d'un seul coup tout un système de socs d'un autre.

Cet instrument est très ingénieux et rend des services; seulement les pièces en fonte porte-socs sont un peu délicates, et se cassent facilement par les chocs qui se produisent dans les terrains pierreux.

Cet inconvénient n'existe pas dans la houe toute en fer et acier de M. Candélier (fig. 51). Cet instrument très léger permet aussi le déplacement rapide des socs et des variations instantanées d'écartement. Les pieds sont fixés sur trois barres en fers plats moisés A B C, dont la première A est fixe, et les deux autres B et C mobiles; un levier L, à la main du conducteur fixé par deux branches a sur la barre fixe A, permet de faire glisser à droite ou à gauche au moyen des tiges T et T' les socs fixés sur B et C, un arc placé à l'arrière maintient, à l'aide d'une tige à ressort, le levier L dans la position convenable à tel ou tel écartement. On place les socs S du milieu des rangs sur la barre fixe A, ceux de côté sur B et C, de telle sorte qu'aucun soc du même rang ne se trouve sur la même ligne horizontale, ce qui évite le bourrage. Les socs S, qui sont triangulaires, passent toujours au milieu des intervalles, et guident le conducteur ; les socs s^1 s^2 en forme de couteau coupent un peu plus que les deux tiers de la largeur entre les lignes de plantes sarclées, de manière à ne laisser aucune herbe parasite non coupée ; celles atteintes par le soc du

Fig. 51

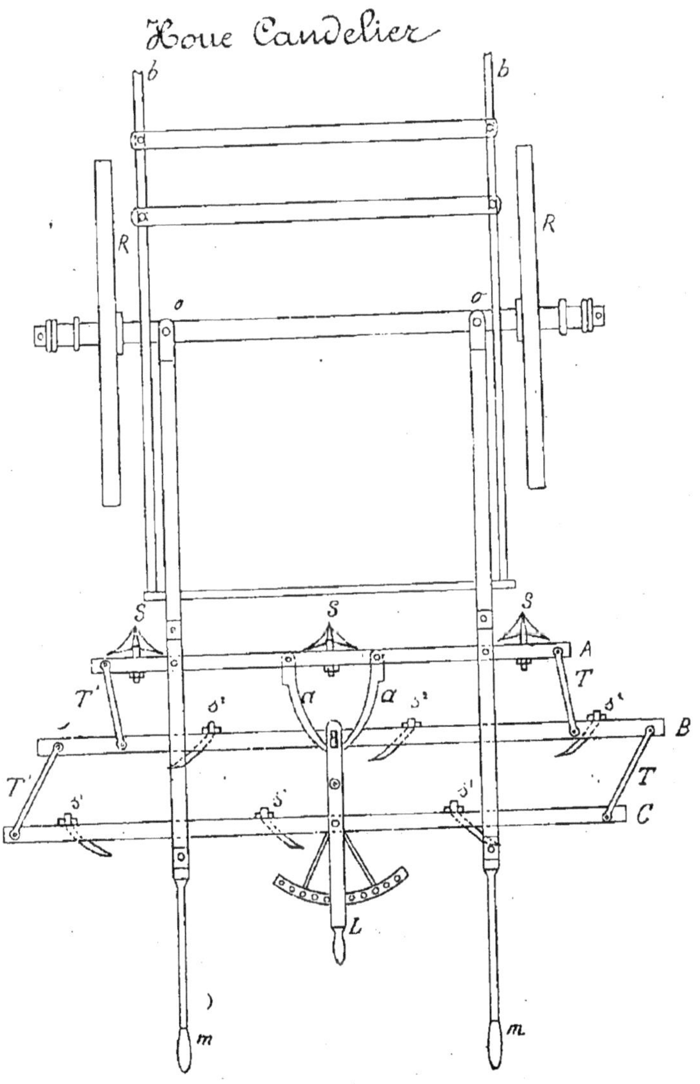

milieu S glissant quelquefois un peu sur ses extrémités sans se couper. Tout le bâti de la houe peut se déplacer d'un seul coup, au moyen des mancherons *m* tenus par le conducteur, en pivotant autour des axes *o* fixés sur les essieux des roues R.

Ce déplacement rapide de tout le bâti à l'aide des mancherons peut se faire aussi dans les houes légères de MM. Bajac et Amiot et Bariat. Les outils de ces constructeurs sont simples et légers, et très suffisants pour les sarclages de betteraves, à la condition toujours indispensable de faire prendre à la houe une largeur égale à celle de l'écartement des socs extrêmes du semoir. Un seul cheval les conduit sans effort.

Lorsqu'on veut enlever les mauvaises herbes entre les lignes des céréales semées à grand écartement, il faut placer sur la houe un nombre considérable de pieds, afin de prendre une largeur suffisante pour utiliser le personnel nécessaire à la conduite de ces outils, surtout si, comme dans les instruments anglais, on y place des avant-trains qui en facilitent la direction. L'avant-train est généralement le même que celui du semoir qui a servi pour la pièce que l'on veut nettoyer ; tout naturellement dans ce cas se trouve remplie la condition que j'ai indiquée plus haut, la houe prend exactement la largeur du semoir.

La houe Garrett (fig. 52 et 53) porte une disposition que je regrettais de ne pas trouver dans les semoirs; les roues porteuses peuvent s'éloigner ou se rapprocher à volonté de l'axe médian ; pour obtenir ce résultat les essieux E (fig. 52) peuvent coulisser dans une mortaise *h* sur des étriers *k* ; ces essieux sont maintenus par des boulons *i* que l'on peut fixer au moyen d'écrous à un endroit

Fig. 52

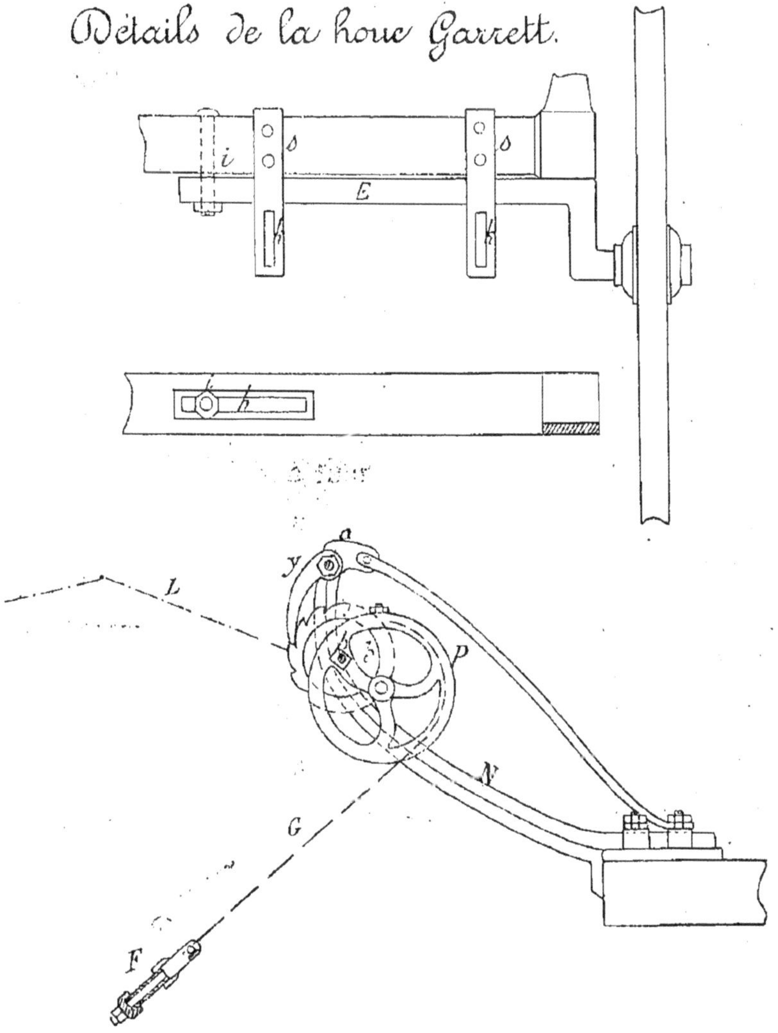

quelconque de la mortaise *h* ; non seulement dans cet outil il est possible de régler la largeur travaillée, mais encore la hauteur du bâti au-dessus du sol ; on obtient ce résultat en fixant les essieux par des clavettes *k* soit en haut soit au fond de l'étrier *s*. Enfin (fig. 52 et 53) on peut encore modifier l'angle de pénétration des pieds dans le sol au moyen du levier *l* qui, fixé dans tel ou tel cran de la pièce *j*, élève ou abaisse, à l'aide de la chaine *g* qui passe sur la poulie *p*, la pièce D supportant la tige d'articulation des socs. Pour le transport ou pour préserver les pieds d'un choc contre un obstacle imprévu, un levier L peut agir sur un arbre *b*, reporté assez en arrière et bien au-dessus du bâti, au moyen d'un support en fonte N. Cet arbre *b* porte deux poulies P sur lesquelles sont enroulées deux chaînes G fixées sur F pièce moisée située à l'arrière des pieds S ; F, relevé au moyen de G par le mouvement des poulies P, est maintenu dans la position qu'on veut à l'aide d'une roue à rochet *z* calée sur *b* où retombe un chien *y* fixé sur un petit arbre supérieur *a*. Cette pièce F porte des supports en fonte ou en fer *u* qui servent à guider l'arrière des socs S.

Afin d'obtenir un bon travail, il faut que les houes opèrent dans les champs semés avec des semoirs bien réglés et ayant tracé des lignes équidistantes, car le conducteur placé à l'arrière pour surveiller la marche des socs ne peut se guider que sur une seule ligne ; mais même si les lignes sont équidistantes, elles peuvent ne pas être droites, et dans ce cas il faut pouvoir presqu'instantanément et sans effort déplacer tous les pieds dans le sens horizontal. Ce mouvement s'obtient dans la houe Garrett (fig. 53) au moyen d'un levier projeté en O,

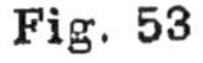

Fig. 53

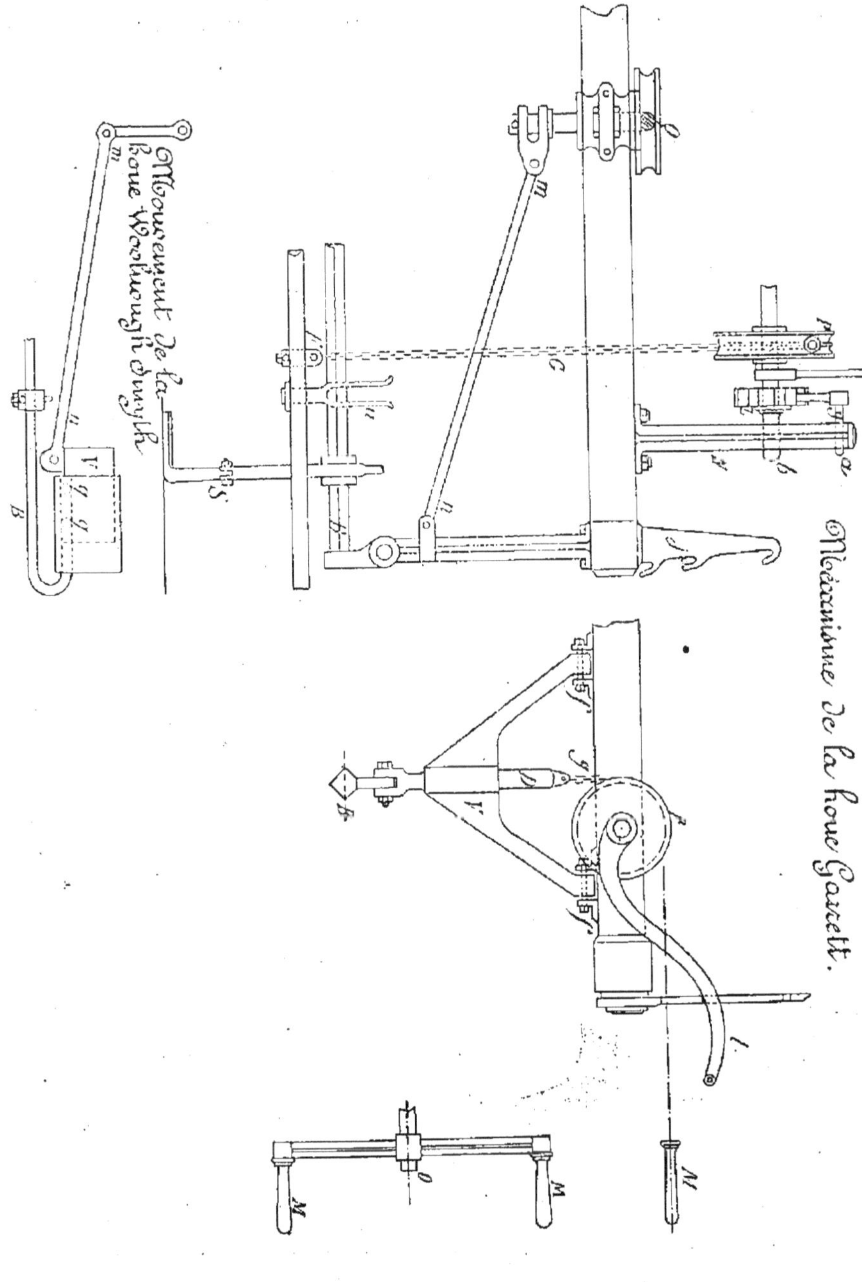

terminé par deux branches M armées de poignées, qui agit par une partie coudée fixée au bâti sur une tige oblique articulée en *m* et *n* solidaire d'une pièce en forme de V. pouvant osciller autour des boulons *f f*, embrassant un cylindre D libre de circuler dans un renflement de V, portant à sa partie inférieure la pièce B sur laquelle sont attachés les pieds. Le moindre déplacement de O fait porter à droite ou à gauche l'ensemble des socs.

Dans la houe Woolnough Smyth très employée aujourd'hui, dont les dispositions principales permettent d'obtenir les mêmes résultats qu'avec la houe Garrett, le mouvement de déplacement horizontal exige encore moins d'effort. La pièce *m n* entraînée par le levier de manœuvre s'articule en *n* sur une pièce en fonte V supportant la tige B où sont insérés les pieds; cette pièce glisse sur des *billes* q roulant sur la partie fixe du bâti. Ce frottement sur billes, si employé aujourd'hui pour les vélocipèdes, est excessivement doux et donne peu d'usure.

Les pieds ou socs des houes sont les pièces qui portent des lames de formes différentes destinées à couper les herbes parasites entre les lignes de plantes. Ces lames peuvent être solidaires de la tige qui se fixe sur le bâti ou indépendants de cette tige. Les lames solidaires de la tige ont l'inconvénient de nécessiter autant de pièces que de formes de lames, ce qui est assez coûteux; en outre lorsque ces pièces sont usées, il faut faire recharger les pointes, et ce travail est difficile à faire exécuter par des maréchaux de village. Ce sont les lames indépendantes des tiges qui sont le plus employées dans les houes à plusieurs rangs. L'ensemble (fig. 54) est formé de deux parties, une tige *t* qui se fixe sur le bâti et une lame maintenue sur la tige par un boulon *i* ; dans ce cas, la pièce complète tige et lame porte le nom de *pied* et la lame seule s'appelle *soc*. Chaque soc constitue alors une pièce peu coûteuse, qu'on peut remplacer facilement lorsqu'elle est usée. Les tiges doivent être maintenues par des attaches simples et faciles à enlever ; le système de Smyth et Garrett (fig. 54), clavettes *c* serrant la tige dans une mortaise pratiquée dans la barre porte-soc, est un des mieux combinés ; dans quelques houes, la partie inférieure de la tige porte un évidement dans lequel s'encastre l'attache du soc proprement dit, maintenu par un boulon *i* à tête fraisée.

Les pieds peuvent être fixes ou mobiles. Les pieds mobiles sont attachés sur une barre placée en avant des roues et peuvent osciller autour de cette barre comme dans les pieds des semoirs à grains. Dans la houe Garrett (fig. 54) les branches B de ces pieds sont fixées sur la barre carrée D au moyen d'un étrier en fer *b*, embrassant D d'un côté et taraudé de l'autre, passant à travers une pièce en fonte A sur laquelle il est serré par un écrou *e* ; c'est dans cette pièce *b* que s'articule au moyen d'une fourche et d'une cheville O la tige proprement dite B qui oscille autour de O en suivant les ondulations du terrain ; un ou plusieurs poids *p* placés à l'extrémité de B règlent l'entrure des socs.

Les pieds mobiles doivent être surtout employés pour

les céréales ; car les houes montées pour biner ces sortes de plantes portant beaucoup de pieds, sont trop lourdes pour qu'il soit possible lorsqu'il y a bourrage, de soulever tous les socs à la fois. Il y a donc intérêt à ce qu'elles portent des pieds mobiles qu'on peut lever séparément à la main, lorsque l'un d'eux est engagé d'herbes. Quand au contraire on fait travailler la houe dans des plantes sarclées, betteraves par exemple, et qu'on emploie des instruments légers à deux ou trois rangs, on peut sans trop d'inconvénients les munir de pieds fixes, le débourrage des socs pouvant alors s'opérer facilement en soulevant d'un seul coup tout le bâti.

Que l'on se serve de pieds fixes ou mobiles, il est bon de les alterner (fig. 54), c'est-à-dire de disposer leur attache sur le bâti, de telle sorte que les pointes de deux pieds consécutifs ne soient pas sur la même ligne, afin d'éviter les engorgements d'herbes dans un espace trop restreint entre deux pieds consécutifs.

Le nombre et la disposition des socs varie avec la largeur des entrelignes à biner. Lorsque la houe travaille dans des céréales, un, deux, et au plus trois socs suffisent ; si l'on n'en emploie qu'un, on lui donne généralement la forme dite *fer de lance* s^2 (fig. 54). Il travaille surtout le milieu de l'entreligne, et rechausse la plante ; mais il laisse quelques herbes de chaque côté près des lignes. Le soc unique est bon pour décroûter une terre battue par la pluie. Si l'on se sert de deux socs, on leur donne la forme de couteau ouvert travaillant d'avant en arrière.

Pour les plantes sarclées on met trois socs au moins ;

celui du milieu en fer de lance, les latéraux en couteau recourbé. La forme de ces couteaux doit varier suivant l'époque de la façon culturale. Lorsqu'on donne un premier binage aux betteraves, on emploie le couteau ou rasette S^2 à saillant renversé (fig. 54), ne soulevant que

Fig. 54

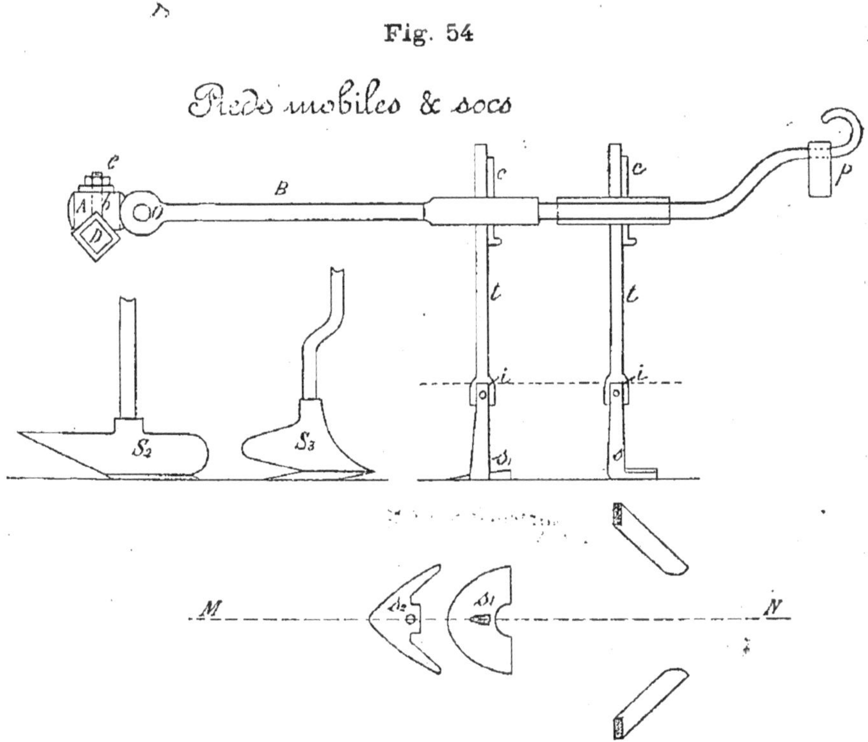

légèrement la terre et protégeant les semis naissants par sa garde élevée. A la deuxième façon, une rasette avec garde moins élevée et plus dégagée S^3 taille mieux la terre et les herbes à couper. Dans certains cas, après des pluies d'orage qui ont battu la terre, on met de nombreux socs étroits et s'enfonçant à 0^m08 ou 0^m10 de profondeur, en ayant soin de faire pénétrer un peu plus celui qui travaille au milieu des rangs. Tous ces socs doivent être en fer aciéré ou en acier, avec des tranchants souvent affûtés.

Houes éclaircisseuses.— Pour réduire à sa plus simple expression la main-d'œuvre du nettoyage des plantes sarclées qui ne doivent exister que de distance en distance sur les lignes, il faudrait lorsqu'on ne les a pas semées en *poquets* employer des houes travaillant dans un sens perpendiculaire à celui des lignes du semoir et ne conservant à la distance convenable sur les rangs que celles des plantes qui doivent se développer sur le terrain. Plusieurs constructeurs ont tenté de résoudre ce problème avec des instruments qu'ils ont appelés *houes éclaircisseuses*. A l'Exposition Universelle de 1878, M. Smyth exposait un outil de ce genre ; le bâti était muni de dix couteaux animés d'un mouvement de rotation transmis par les roues porteuses. Le disque porte-socs a 0m90 de diamètre, il est oblique par rapport au plan de tirage. On peut faire varier les intervalles des couteaux et la vitesse de rotation, et aussi placer sur le bâti un ou deux disques porte-socs, selon que l'on veut faire un ou deux espacements à la fois. La terre s'attache parfois aux socs lorsque le terrain est fort et un peu humide, et le travail se fait mal.

Un appareil plus parfait, mais que l'on a trouvé trop compliqué et coûteux d'entretien, est la houe Holmes munie de couteaux animés d'un mouvement varié se rapprochant de celui du travail à la main. Ces couteaux coupent d'abord dans un plan perpendiculaire à l'axe longitudinal de l'outil, puis, par des leviers formant bielles et glissant dans des coulisses en cuivre, ces couteaux sont relevés, après avoir agi très rapidement pour trancher la terre et les plants en excès. Le mécanisme est combiné de telle sorte qu'un seul couteau soit en prise à la fois. Avec les houes Smyth ou Holmes à deux rangs on peut éclaircir 2 hectares et demi à 3 hectares avec un cheval et un homme.

Un instrument présenté par M. Bajac peut sinon remplacer les *houes éclaircisseuses* que je viens de décrire, du moins faciliter le travail d'éclaircissement des betteraves qu'on nomme communément *démariage.* C'est un rouleau R en fonte ordinaire (fig. 55) sur lequel on rapporte des couronnes mobiles C. Ces couronnes

Fig. 55

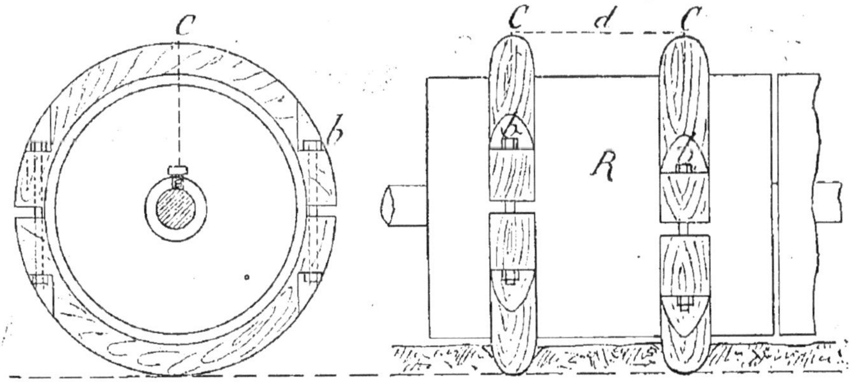

placées à des distances *d* correspondant à l'espace qu'on veut conserver aux betteraves, favorisent par le tassement ou l'allégissement de la terre, la végétation de la plante ; on peut même, sans changer la distance *d* entre les axes des couronnes mobiles, modifier l'écartement de leurs traces sur le sol en les faisant travailler plus ou moins obliquement par rapport aux lignes de betteraves semées. Toutefois en pratique, j'estime qu'il vaut toujours mieux faire passer ce rouleau perpendiculairement aux rangs et faire varier *d*. Les couronnes mobiles *c* sont formées en deux parties assemblées par des boulons *b* noyés dans des encoches faites sur C, ce qui évite de percer la jante en fonte des disques de rouleaux.

Conduite des houes et prix de revient du travail exécuté par ces outils. — La conduite de ces instruments est assez délicate. Pour les houes à céréales surtout, il vaut mieux employer un bâti disposé pour sarcler un nombre de rayons correspondant à ceux formés par les socs du semoir, afin de ne travailler que dans les écartements fixes des pieds et avoir soin de ne mettre qu'un soc dans les interlignes de *reprises* qui sont rarement régulières. Les grandes houes à céréales travaillant 8 à 10 interlignes, exigent généralement l'emploi de trois personnes, le conducteur des animaux, l'ouvrier chargé de la direction de l'instrument et celui qui tient le levier déplaçant tout le système de pieds. Dans beaucoup d'exploitations il est difficile de pouvoir occuper deux hommes adroits pour la conduite d'un seul outil ; aussi dans le nord de la France préfère-t-on n'employer que des houes à 3 ou 4 entrelignes, trainées par un seul animal conduit au cordeau, ce qui permet au charretier de diriger seul l'instrument et le cheval ; mais pour ces sortes de houes qui sont souvent moins larges que le semoir, il est bon d'employer des outils à expansion comme ceux de MM. Durand et Candelier, à moins que les houes ne prennent exactement que la moitié ou le tiers de la largeur du semoir, de manière à n'avoir jamais une entreligne de reprise au milieu de la partie travaillée par l'instrument.

Une des raisons qui empêche souvent d'employer les houes pour les céréales, c'est la difficulté de faire travailler ces outils au printemps, lorsque le sol a été brusquement séché et durci par un vent du nord ; cette difficulté augmente encore lorsque le terrain est rempli de pierres, et cependant c'est justement à cette époque de l'année et dans ces circonstances que les terrains plantés en céréales ont le plus besoin d'être aérés et débarrassés d'herbes ; aussi dans ces sols ne saurais-je trop recommander le semis en bandes doubles qui laisse un espace assez large où la houe peut facilement passer. Quand on n'a pas employé ce mode de semis, il faut, pour se servir de la houe par ces temps secs, la munir d'un seul soc étroit qui décroûte la terre, et ensuite repasser une seconde fois avec des socs plus nombreux ou plus larges pour achever de détruire toutes les plantes parasites.

Il est assez difficile d'indiquer le travail qu'on peut faire dans une journée de dix heures avec les houes, parce que la largeur de ces instruments varie beaucoup. Ils n'exigent qu'une faible traction, mais un cheval ne peut conduire des houes de $1^{m}20$ à $1^{m}50$ de large qu'à la vitesse de 0^m80 par seconde pour le binage des céréales, travail qui demande une grande attention et ne permet pas de laisser aller l'animal à une grande allure ; au contraire pour le binage des plantes dites *sarclées*, betteraves, pommes de terre, etc..., semées à plus grands écartements, on peut surtout pour la première façon marcher à la vitesse de 0^m90 par seconde, ce qui permet de travailler 2 hectares 50 ares à 3 hectares dans une journée de dix heures. Le prix de revient de l'hectare dépend du nombre de conducteurs et d'animaux employés.

Cultivateur à vapeur pour vignes. — Dans les très grandes exploitations viticoles qui ont fait l'acquisition d'appareils à vapeur pour planter la vigne, on a intérêt à utiliser ces appareils pour exécuter les façons culturales entre les lignes de ceps, surtout lorsque la plantation a été faite à grands écartements 1^m50 à 2^m. Ce travail est possible, mais il faut une charrue spéciale, ou plutôt il faut faire subir quelques modifications au *Cultivateur* à vapeur, outil qui peut rendre de grands services pour l'ameublissement du sol. L'instrument que je vais décrire peut servir à ces deux sortes de travaux. Il se compose (fig. 56) d'un châssis très résistant A en fer en ⌐L_Γ, arrondi à la partie antérieure et rétréci à l'endroit des roues, entretoisé par des traverses doubles a, entre lesquelles peuvent se fixer les corps de charrue C. Les systèmes de traverses doubles sont au nombre de quatre et permettent de mettre les corps de charrue en quatre positions diffé-

Fig. 56

Cultivateur à vapeur pour vignes.

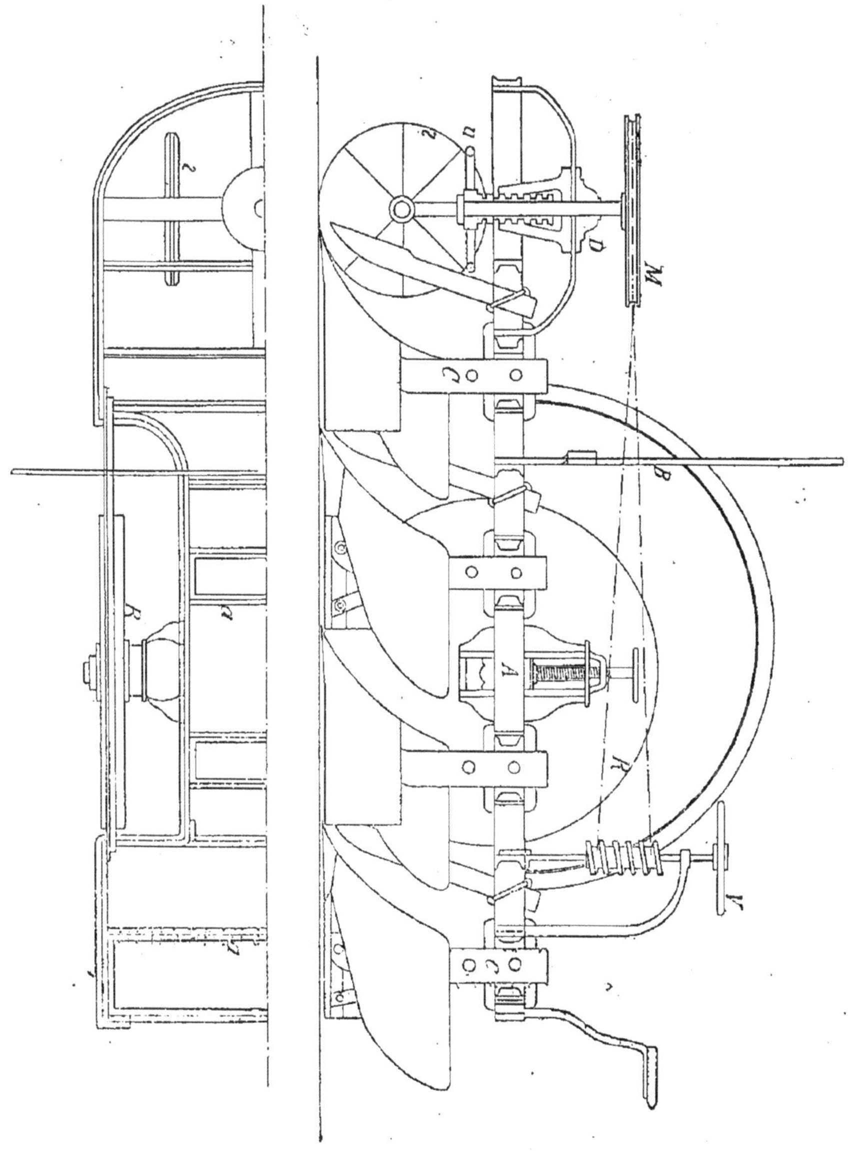

rentes dans le sens de la longueur. Dans chaque système de traverses, ces corps de charrue peuvent glisser sur toute la largeur de l'appareil et se fixer dans toutes les positions qu'on veut leur donner.

La position des corps de charrue une fois déterminée, on les maintient à l'aide de deux cornières percées d'un trou et fixées par des boulons sur les corps qui sont eux-mêmes retenus par d'autres boulons serrant les traverses entre les cornières. J'ai indiqué (fig. 56) quatre corps de charrue, mais en augmentant la largeur du bâti, on peut très bien en placer six ; toutefois il faut toujours que les corps de charrue soient en nombres pairs.

On peut disposer les corps de charrue de deux façons ; (fig. 57) si on place les versoirs retournant la terre vers l'extérieur de la charrue, on repousse les terres des deux côtés de l'axe de l'instrument en ouvrant la bande, *on rechausse la vigne;* si au contraire on dirige les versoirs vers l'intérieur de la charrue, on amasse la terre sur le milieu de la ligne de ceps, on *déchausse la vigne.*

Dans ces travaux il faut protéger les ceps contre le frottement du câble de retour, ou l'empêcher de détruire les échalas qui supportent les tiges dans certaines contrées. Pour obtenir ce résultat la charrue est munie de deux sortes d'antennes B (fig. 57) qui s'écartent plus ou moins de son axe, et passent par dessus les pieds de vignes ou les échalas. Le câble de retour est placé à l'aide d'un mécanisme à la main du laboureur (généralement un petit treuil) sur le haut de l'antenne B et la charrue en avançant le déroule dans la rangée de vignes à labourer au

Fig. 57

Cultivateur pour Vignes en travail.

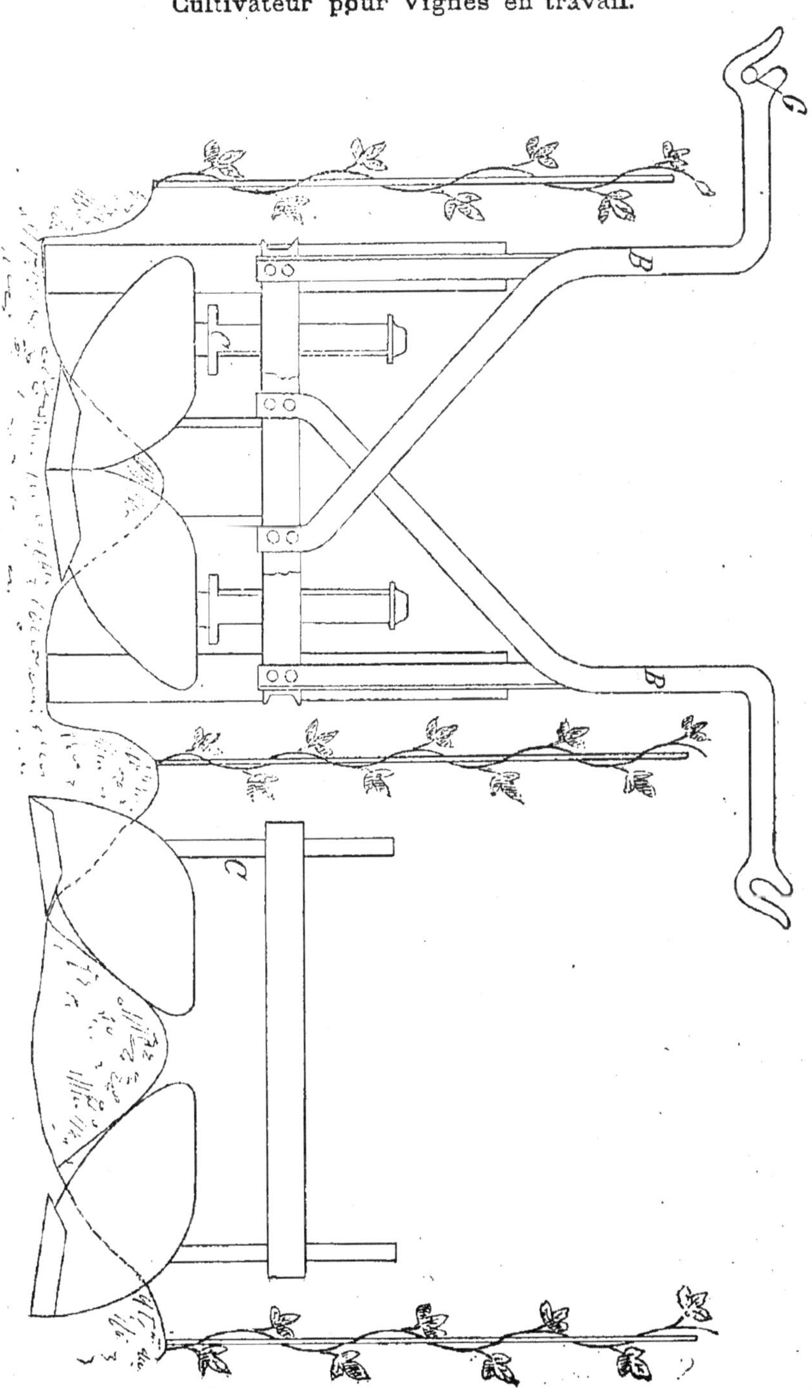

retour. L'écartement de ces supports aériens du câble varie à l'aide de boulons suivant la distance qui existe entre les pieds de vigne dans les différents vignobles. De cette manière, lorsque la charrue est arrivée au bout du réage, le câble de retour, qui devient le câble de traction, se trouve bien placé pour le labour d'un nouveau train ; on n'a qu'à le jeter à bas de son support ; alors la charrue tirée par ce câble pivote autour de la roue qui se trouve du côté de la partie à labourer, et repart entre les plants de vignes ; on hisse alors l'autre câble G sur l'antenne correspondante, pour le soulever, comme l'autre précédemment, au-dessus des ceps.

Pour varier la profondeur du labour, les deux roues d'avant de l'appareil sont portées par des fusées reliées à une pièce centrale glissant dans une coulisse fixée sur le châssis ; cette coulisse est filetée, et dans ses filets circule une pièce écrou D ; on remonte ou abaisse l'avant du bâti à l'aide du volant *u*. Les grandes roues R sont relevées à l'aide d'un autre volant portant une tige filetée agissant sur chaque fusée. Enfin l'appareil est dirigé par une roue horizontale V fixée sur une tige où s'enroule une chaîne qui passe sur une poulie à gorge M solidaire de l'essieu des roues d'avant.

Chapitre V

Pulvérisateurs.

Il ne suffit pas d'enlever des terres ensemencées les mauvaises herbes qui envahissent le sol, il faut encore débarrasser les plantes cultivées elles-mêmes des parasites qui s'y attachent et détruisent leurs organes vitaux. Il n'entre pas dans les limites de cet ouvrage d'étudier tous les moyens employés jusqu'à ce jour pour arriver à ce résultat; mais il n'est pas possible, dans un ouvrage destiné à donner aux agriculteurs des indications sur l'emploi des machines sur le terrain, de passer sous silence des instruments dont on se sert chaque jour davantage et qui rendent d'énormes services à l'agriculture ; je veux parler des *pulvérisateurs* qui projettent sur les plantes, sous forme de fines poussières, des liquides dont l'efficacité a été reconnue pour détruire les parasites qui s'attachent aux vignes, aux pommes de terre et autres plantes, et aux arbres fruitiers. Un voyage récent dans le midi m'a permis de recueillir sur l'emploi des pulvérisateurs, les avis des viticulteurs et des professeurs de l'Ecole nationale d'agriculture de Montpellier et en particulier de M. Ferrouillat si compétents en ces matières.

La nature des liquides antiseptiques employés influe naturellement sur l'action des outils, qui fonctionnent d'autant mieux que ces liquides sont plus clairs ; aussi certains instruments qui donnent de mauvais résultats avec des liquides pâteux font-ils un excellent travail avec des solutions limpides.

Les liquides antiseptiques les plus usités aujourd'hui sont : *La bouillie bordelaise, l'Eau Céleste, la bouillie dauphinoise ou liqueur Perboyre, le Verdet et la bouillie sucrée.*

La bouillie bordelaise est une dissolution de sulfate de cuivre dans laquelle on verse un lait de chaux plus ou moins épais. Les deux formules les plus employées sont :

Première formule,	Sulfate de cuivre	3 kilog.
—	Chaux grasse en pierres	1 kil. 500
—	Eau	105 lit.
Deuxième formule,	Sulfate de cuivre	2 kilog.
—	Chaux grasse en pierres	1 kilog.
—	Eau	105 lit.

Le sulfate de cuivre peut se dissoudre dans l'eau à froid, mais il vaut mieux faire chauffer 4 ou 5 litres d'eau dans lesquels on fait dissoudre le sulfate de cuivre ; on étend ensuite la dissolution cuprique à 100 litres d'eau. La chaux grasse doit être éteinte dans 5 litres d'eau environ ; il faut forcer la dose de chaux si les pierres employées sont impures ; on reconnaîtra d'ailleurs qu'on s'est servi de chaux impure quand la liqueur prendra une teinte blouâtre louche, indice d'une quantité insuffisante de sulfate de cuivre.

La chaux doit être éteinte avec soin, et bien malaxée dans l'eau de manière à avoir un lait bien homogène. *On verse lentement ce lait de chaux ainsi obtenu dans la liqueur cuprique et non la liqueur cuprique dans la chaux*; il faut avoir soin d'agiter le liquide chaque fois qu'on charge un appareil, parce qu'au repos il se forme un dépôt au fond du vase qui contient la bouillie.

L'*eau Céleste* est un composé de sulfate de cuivre et d'ammoniaque. Le sulfate de cuivre à la dose de 1 kilog. est dissous dans quatre litres d'eau chaude où l'on agite le liquide avec un morceau de bois pour hâter la dissolution des cristaux. Le liquide une fois refroidi et les cristaux fondus, on y verse 1 litre 1/2 d'ammoniaque du commerce à 22° Beaumé. Le produit est une liqueur bleue limpide, composée d'oxyde de cuivre et de sulfate d'ammoniaque avec un léger excès d'ammoniaque. Cette liqueur ne doit être employée qu'après une journée de préparation.

La *bouillie Dauphinoise* dûe à M. Perboyre est formée par deux dissolutions, l'une de 2 kilog. de cristaux de sulfate de cuivre, l'autre d'1 kilog. de carbonate de soude. On verse la solution de carbonate de soude dans celle de sulfate de cuivre, et on complète 100 litres avec de l'eau. C'est du carbonate de soude épuré qu'il faut prendre, et non les cristaux impurs du commerce.

La liqueur dite *Verdet* est faite avec une dissolution dans l'eau de cristaux d'acétate de cuivre du commerce, en grains bien secs à raison de 1 kilog. pour 100 litres d'eau. La dissolution des cristaux se faisant un peu lentement, il faut préparer la liqueur 3 ou 4 jours d'avance, et la passer sur un tamis en la transvasant dans les récipients qui servent à l'emporter sur les lieux de traitement. Pour économiser les frais de transport, si l'on peut se procurer de l'eau près des champs à traiter, on fait une dissolution 10 fois plus forte, et on n'ajoute l'eau complémentaire que sur le terrain ; mais dans ce cas il faut agiter fortement le liquide avant de s'en servir.

La *bouillie sucrée* indiquée par M. Michel Perret se fait de la manière suivante : on délaie 2 kilog. de bonnes pierres à chaux grasse, préalablement éteinte dans 80 litres d'eau que l'on mélange à une dissolution de 2 kilog. de mélasse dans 10 litres d'eau. On y ajoute après 2 kilog. de sulfate de cuivre en cristaux ou 3 kilog. de carbonate de soude dissous dans 10 litres d'eau. Si le mélange est bien fait et les proportions bien suivies, le liquide obtenu doit être bleu verdâtre.

Ces différentes liqueurs paraissent donner toutes également de bons résultats. Leurs effets ne sont pourtant pas tout à fait les mêmes. La *bouillie bordelaise* manque un peu d'adhérence aux feuilles ; un fort orage survenant après un traitement peut l'enlever toute entière ; dans ce cas il faut recommencer le traitement. L'*eau Céleste* produit quelquefois de légères brûlures sur les jeunes plantes. La *liqueur Perboyre* adhère bien aux feuilles, mais la dissolution de carbonate n'y est pas toujours complète. La *bouillie sucrée* adhère bien aux feuilles, et ce serait peut-être la meilleure liqueur, si elle n'avait l'inconvénient d'exiger de plus fréquents nettoyages des *pulvérisateurs*, qu'elle encrasse rapidement.

Quel que soit le liquide antiseptique employé, il faut, pour qu'il soit efficace, le répandre en forme de gouttelettes fines et nombreuses, afin de le faire pénétrer dans toutes les parties extérieures de la plante surtout dans les feuilles, sans former de gros amas qui adhèrent mal et se détachent lorsque les feuilles sont agitées par l'action du vent ; c'est dire que l'organe principal des pulvérisateurs est celui qui doit répandre le liquide en sortant de l'appareil. Cette partie de l'instrument porte le nom de *jet* ; ce jet par l'intermédiaire de pompes reçoit le liquide en pression de réservoirs dont la forme et les dimensions varient, et que je décrirai plus loin.

Le jet le plus employé est le jet *Riley* portant le nom de son inventeur, un grand industriel américain. Ce jet (fig. 58) se compose de trois parties, une première partie A formée d'un tube en cuivre portant des aspérités extérieures *e* sur lesquelles se fixe le tuyau en caoutchouc qui vient du réservoir ; une autre partie B cylindrique dont l'axe est perpendiculaire à A, mise en communication avec A par un petit conduit *b* tangent à la paroi de B. La troisième partie est formée d'un bouchon C aussi en cuivre percé d'une ouverture de faible diamètre O, cylindrique du côté de B et s'évasant en forme de cône vers le dehors. Le liquide arrivant sous pression est animé d'un mouvement giratoire et s'échappe par l'orifice O sous la forme d'un cône renversé, dont l'angle au sommet varie avec la pression et la dimension de l'orifice O. On peut d'ailleurs changer les bouchons C vissés sur B et en mettre d'autres qui sont munis de cônes de différentes dimensions pour faire varier l'amplitude des jets. M. Noel (fig. 59) interpose au bout de la lame qui projette le liquide, une plaque C D articulée en C qui s'applique sur la partie supérieure d'un tube recourbé A B, portant un cylindre en caoutchouc *b* percé en face du jet jouant le rôle de cuir embouti et empêchant les fuites. Cette plaque est percée de trois trous coniques *t t' t''* de dimensions différentes, ce qui permet d'obtenir trois sortes de pulvérisations, selon que l'on met l'orifice en contact avec *t t'* ou *t''* faisant tourner la plaque C D autour de C.

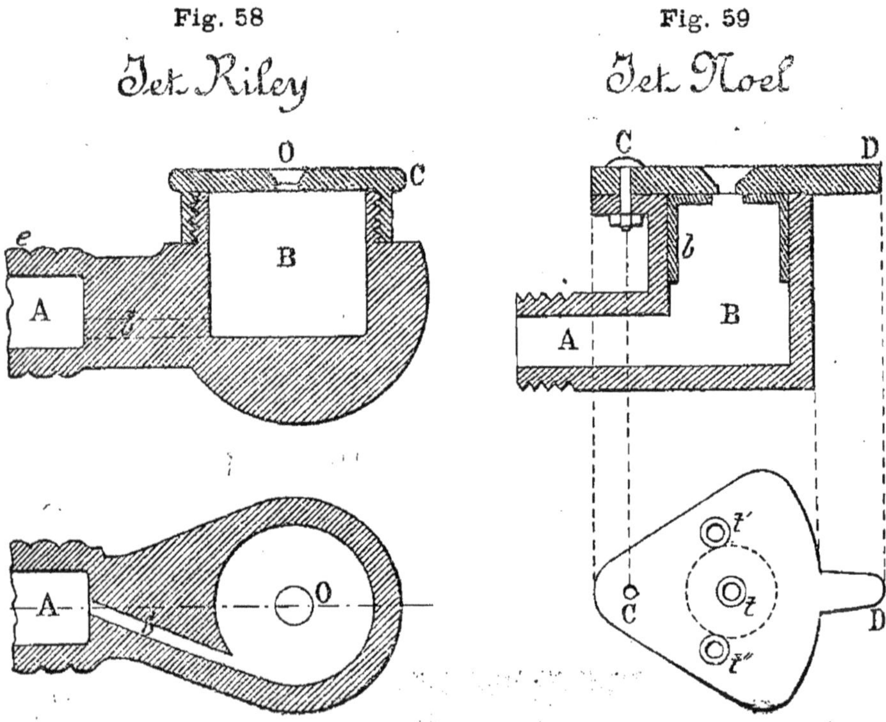

Quand on emploie des liquides épais comme la bouillie bordelaise riche en chaux, il faut pouvoir dégager les orifices de sortie lorsqu'ils sont obstrués par les dépôts et les munir de *dégorgeoirs*.

Le plus simple des dégorgeoirs est une aiguille mobile a qu'on peut à l'aide d'un bouton à ressort *b* faire pénétrer dans l'orifice D. L'aiguille peut être aussi (fig. 60) actionnée par un levier L articulé en *d* qui, par la pression de la main s'appuyant sur le tube T et L agit sur l'aiguille a en dégageant ou fermant à volonté l'orifice D ; un ressort *f* ramène l'aiguille en arrière après le dégorgement.

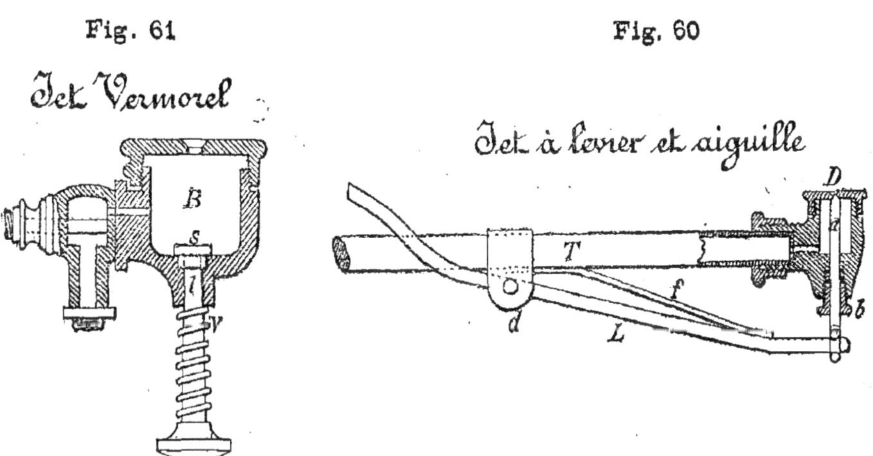

Fig. 61 **Fig. 60**

Le jet *Vermorel* (fig. 61) porte un dégorgeoir simple et ingénieux. La boîte B est percée à sa partie inférieure d'un orifice circulaire de 5 à 6 millimètres de diamètre qui peut être fermé par une petite soupape S. La tige directrice de la soupape S en saillie dans l'intérieur de B forme joint sur le siège de S au moyen d'un anneau en caoutchouc maintenu en place par un ressort V ; au-dessus de la tige *l*, (partie intérieure de B) est une pièce plate remplaçant l'aiguille des autres dégorgeoirs ; cette pièce ferme le cône du jet, lorsque la soupape est soulevée et l'orifice inférieur démasqué. Quand le liquide arrive sous pression dans B, il applique S sur son siège, ferme l'orifice du dégorgeoir, et opère la pulvérisation. Si l'appareil s'engorge, l'ouvrier appuie sur le ressort V et soulève la soupape. Le liquide s'échappe alors par l'ouverture inférieure beaucoup plus large que le jet, entraînant les dépôts qui se sont formés dans la boite. Dès qu'on n'agit plus sur le ressort V, la pression du liquide ramène la soupape sur son siège, en produisant un à-coup brusque qui nettoie l'orifice.

Le jet Raveneau (fig. 62) se ferme aussi par un bouchon B à mince paroi ; le liquide au sortir de O vient se briser contre une palette courbe *p* dont la direction, à sa sortie de la lance, est sensiblement tangente à celle du liquide qui, rencontrant la palette, s'épanouit en éventail. Ce jet fonctionne bien, surtout lorsqu'on veut répandre de grandes quantités de liquide à une certaine distance. On peut y adapter un dégorgeoir Le jet est alors placé à l'extrémité d'un tube *t* parallèle à celui d'amenée T ; l'aiguille a est manœuvrée par une poignée *m*, et est ramenée en arrière par un ressort après le dégorgement. M. Vigouroux (fig. 62), emploie aussi un Raveneau à l'extrémité de son tube-lance. Dans ce système de jet, le bouchon dans lequel est percé l'orifice de sortie du liquide est appliqué par un ressort à boudin *r*, à l'extrémité de la lance, dont l'orifice a un diamètre plus grand. Le joint est fait par une rondelle en caoutchouc *c*. Dans ces conditions le liquide vient se briser contre la palette du jet, et la pulvérisation a lieu. On peut opérer le dégorgement en soulevant le bouchon avec le doigt, tout en comprimant le ressort à boudin. Le liquide sort alors latéralement, entraînant les corps étrangers par la force du jet.

Fig. 62

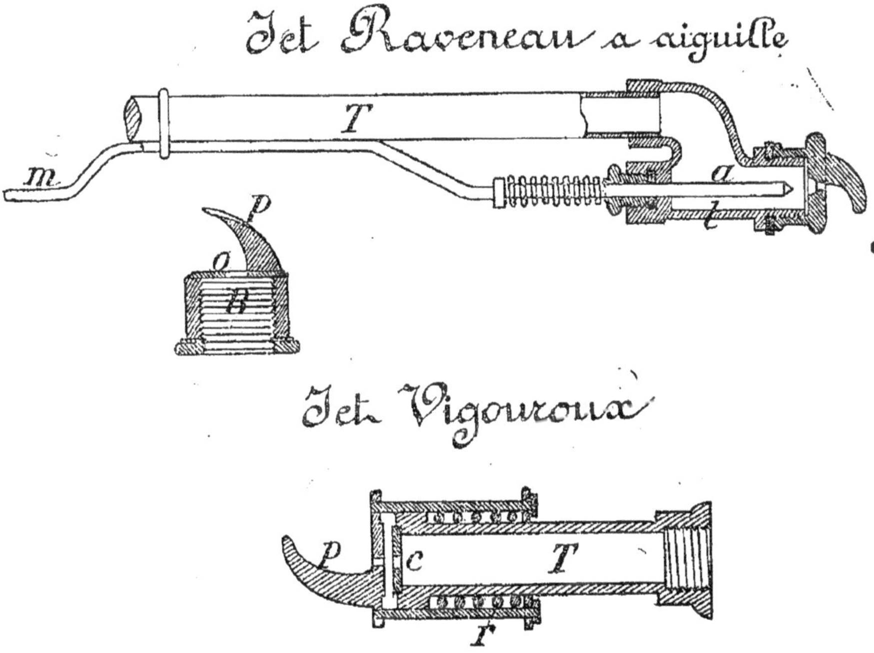

Jet Raveneau à aiguille

Jet Vigouroux

On se sert encore d'autres jets disposés sur des principes différents. Le jet *Bourdil* (fig. 63) est formé d'une pièce centrale de forme particulière enveloppée dans une gaine en caoutchouc B, terminée par une partie C en biseau. Le liquide chassé par la pompe du réversoir est laminé entre C et B en s'appuyant sur le biseau A.

Fig. 63

Pulvérisateur Bourdil

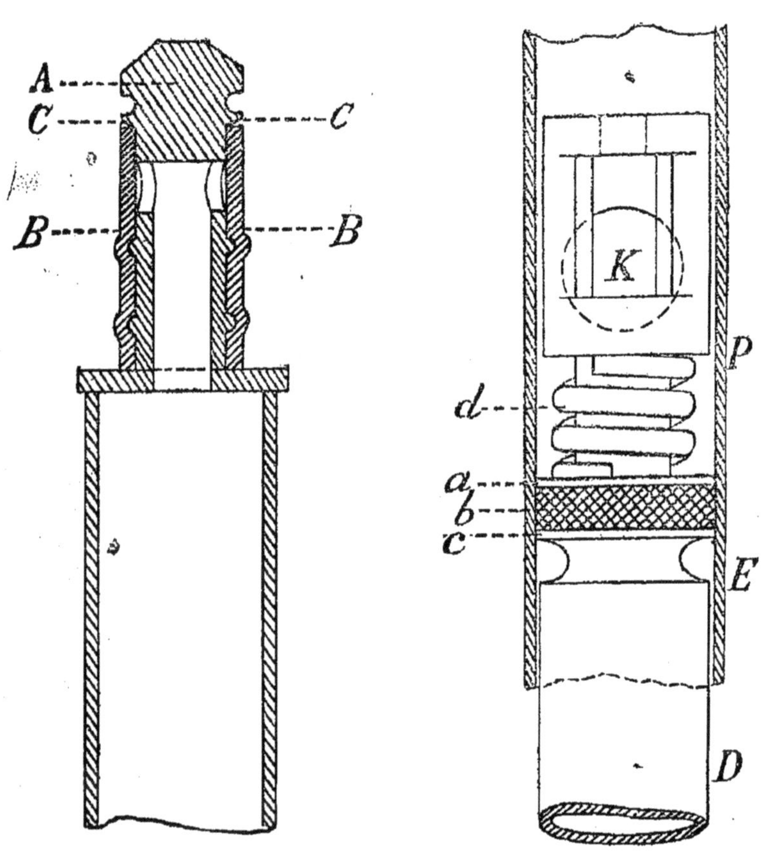

Ce jet doit surtout être employé pour les liquides un peu

épais, par exemple dans certaines proportions de la *bouillie bordelaise* riches en chaux ; car dans ce système les engorgements sont presqu'impossibles, et les frottements très réduits par l'élasticité même de la paroi de caoutchouc qui se dilate toutes les fois que cela est nécessaire pour laisser passer les impuretés.

Le jet Damancy (fig. 64) inventé par le constructeur de ce nom est très simple, facile à nettoyer et à dégorger et fonctionne très bien. La projection s'opère par le laminage du liquide chassé par la pompe entre deux cônes, l'un plein, l'autre creux. La pièce *j* au centre de laquelle se place le petit orifice de sortie *o*, se visse sur une autre pièce *a* portant à l'extrémité placée du côté de *o* un cône plein K précédé d'une portion de vis *v*. A la naissance du cône K se trouve un petit conduit *i* perpendiculaire à son axe, qui communique à son milieu avec un tube *t* recevant le liquide à pulvériser du tube T. Toute la pièce *a* est elle-même vissée sur T afin d'en permettre la visite. T porte un renflement *u* sur lequel peut se fixer un chapeau *p* que l'on enlève lorsqu'on veut faire dégorger l'appareil. Voici comment le jet fonctionne. Le liquide qui arrive du réservoir par T passe dans *t* et par *i* est rejeté dans le cône creux *j* ; le mouvement giratoire est donné au liquide par la vis *v*, et le laminage s'effectue entre K et *j*, comme dans un giffard. En rapprochant ou en éloignant la pointe de K de l'orifice O, on écarte plus ou moins le jet et modifie son amplitude ; en retirant presque complètement K en arrière, le mouvement giratoire imprimé par *v* est détruit, et on obtient un jet droit par *o*, comme dans une lance ordinaire. C'est certainement avec ce jet que l'on obtient les plus grandes variations d'amplitude de nappe liquide.

Le jet à robinet (fig. 65) inventé par M. Japy se compose d'un robinet R vissé en V sur le tube *t* amenant le liquide du pulvérisateur. Dans l'épaisseur de la clef du robinet on a rapporté une petite pièce *p*, percée de deux orifices O et O' qui donnent deux jets croisés. Cette disposition permet, tantôt de faire écouler le liquide au dehors en nappe de gouttelettes très fines formées par le choc des deux jets de liquide l'un contre l'autre, tantôt de nettoyer les orifices O et O' en manœuvrant la clef de manière à faire arriver le liquide en sens contraire. Enfin en faisant tourner K de 90°, on ferme complètement le robinet, et la pulvérisation s'arrête. Ce système est très simple, mais il a l'inconvénient de ne donner qu'une projection de liquide, et de s'user un peu vite par l'action des liquides corrosifs.

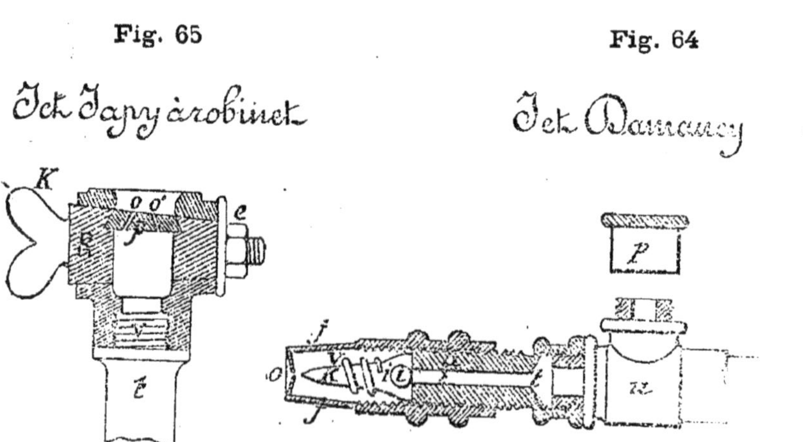

Fig. 65 Fig. 64

La lance de l'appareil Besnard (fig. 66) possède un interrupteur instantané très simple. Une rondelle en caoutchouc K est serrée sur sa circonférence extérieure entre un siège en cuivre et un bouchon à vis R. Pendant le travail, la partie centrale de K est soulevée par le liquide en pression et laisse passer ce dernier en quan-

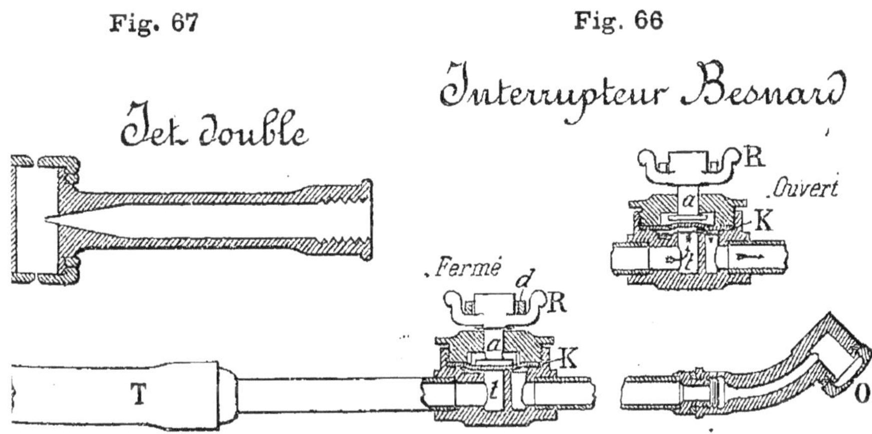

tité suffisante pour le débit du jet, qui est un Riley ordinaire. On peut l'arrêter instantanément par une simple pression du pouce de la main qui embrasse le tuyau T, sur un tampon métallique a fixé sur R ; par ce mouvement a vient appuyer sur le milieu de K et ferme le tube vertical d'amenée *t*. Un arrêt à baïonnette *d* permet d'obtenir une fermeture hermétique plus simplement qu'un robinet. Au bout de la lance Besnard peut s'adapter un jet double très pratique (fig. 67) qui sert pour traiter deux rangs de vignes à la fois. Des jets multiples sont aussi employés pour opérer sur plusieurs rangs de pommes de terre.

Quel que soit le jet employé pour projeter les liquides antiseptiques, il faut que ces liquides y arrivent en pression. Cette pression peut se produire par différents procédés que j'indiquerai ; mais les systèmes varient avec les réservoirs et les moteurs chargés d'actionner les pompes. Aussi m'a-t-il paru utile pour bien faire comprendre le fonctionnement des différents appareils de les classer en trois catégories : 1° Pulvérisateurs à dos d'homme ; 2° Pulvérisateurs à bât portés par des chevaux ou des mulets ; 3° Pulvérisateurs à traction animale.

1° Les instruments à dos d'homme peuvent recevoir la compression par trois procédés — a par une pompe à liquide, — *b* par une pompe à air, — *c* par un organe placé sur la lance (hydronette).

a. — Un des instruments qui fonctionne le mieux dans cette catégorie est le pulvérisateur Japy type D (fig. 68). On avait reproché aux premiers instruments livrés par l'usine de Beaucourt de n'être pas facilement démontables et visitables ; MM. Japy se sont émus de ces reproches, et ont construit un appareil solide, dont toutes les pièces délicates se démontent ensemble et peuvent être visitées séparément. Le liquide est introduit par la partie supérieure E du réservoir, et passe par un tamis en fils de laiton *t* avant de tomber dans B. Dans l'intérieur de B un piston P, type Letestu, circule dans un corps de pompe G. Ce piston est actionné par un levier L et une tringle à la main de l'ouvrier. Le levier L est fixé en *b* sur une pièce a *b* maintenue en a sur le

Fig. 68

Pulvérisateur Japy

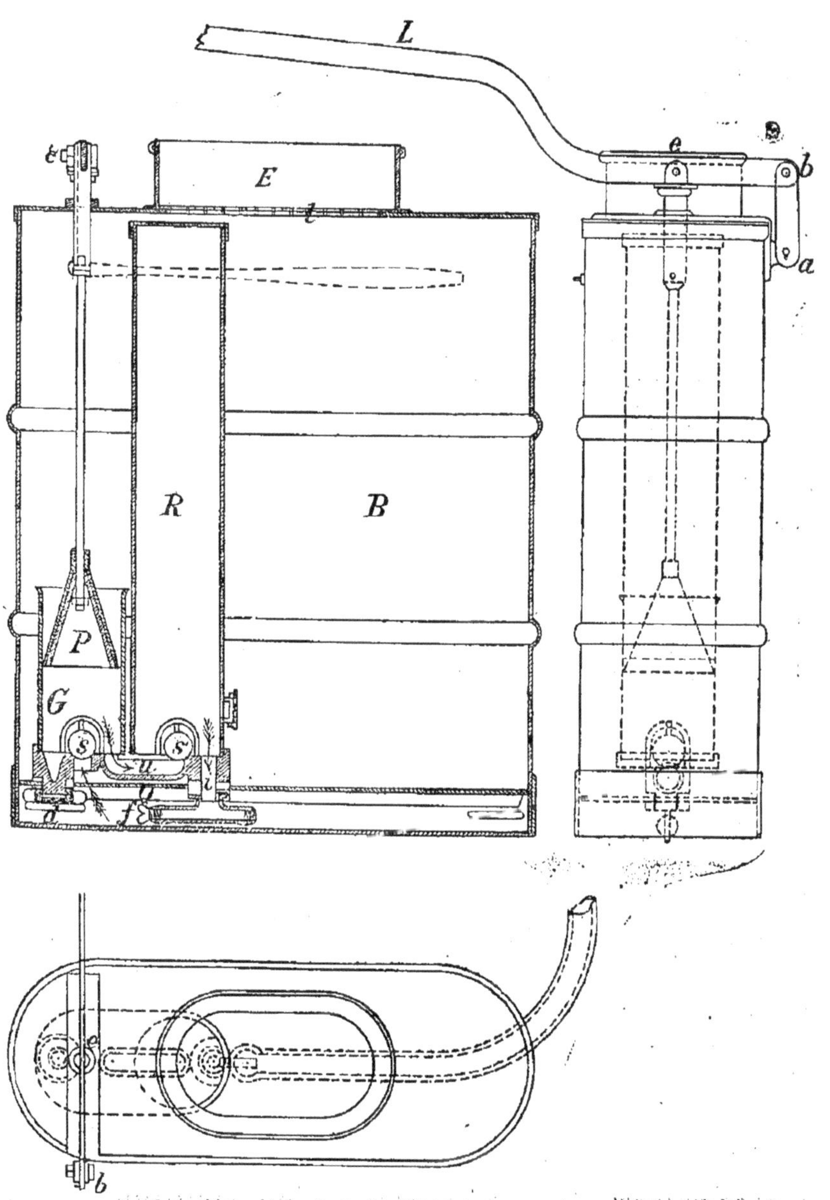

réservoir B et agit en *e* sur le haut de la tige du piston. Dans le corps de pompe G se trouve une soupape à boulet *S* par le siège de laquelle arrive le liquide de B lorsque le piston P se relève. Quand au contraire P s'abaisse, le boulet ferme *S* et le liquide refoulé dans le conduit *u* soulève S' et pénètre dans le tube R où l'air se comprime par la montée du liquide chassé par la pompe. C'est ce liquide comprimé qui passe par *i* pour se diriger vers la lance du jet pulvérisateur.

Le corps de pompe et le réservoir d'air sont placés sur une plaque unique contenant les deux clapets et sont indépendants du réservoir B ; ils sont aussi démontables, deux douilles *d* et *f* filetées placées à la partie inférieure de la plaque Q la maintiennent sur B et sont rapidement enlevées lorsqu'on veut visiter les organes. Le corps de pompe et le réservoir d'air sont des tubes étirés en cuivre, et sont soudés sur le siège à clapets. Le piston se compose d'un cône en laiton entouré d'un autre cône en caoutchouc. Cet appareil, par suite du mouvement du piston P qui travaille à l'aspiration et au refoulement, peut se vider complètement à la fin du travail, ce qui le préserve d'un contact prolongé avec les liquides corrosifs.

L'appareil *Vermorel* est aussi muni d'une pompe à liquides ; mais comme son mécanisme est le même que celui du pulvérisateur à traction du même constructeur, je ne le décrirai qu'en parlant des instruments de cette dernière catégorie.

b. — Le plus simple des appareils avec pompe à air est le pulvérisateur *Fréchou Lasmolle* construit d'après les données de M. Prillieux inspecteur général de l'Agriculture. Le réservoir est indépendant de la hotte qui porte la pompe à air. Ce réservoir qui se ferme par un bouchon où passent les tubes de la pompe à air et de la lance, est une simple tourie en verre entourée d'osier d'une capacité de dix litres, tourie que l'on trouve dans le commerce des produits chimiques. Le bouchon est maintenu en place à l'aide d'un petit levier arrêté dans une pièce fixée sur un collier embrassant la partie supérieure du vase. On peut avoir un certain nombre de touries de rechange que l'on remplit d'avance, et aux extrémités du champ on remplace une tourie vide par une pleine, ce qui évite les pertes de temps. Ce système dans lequel le réservoir se change et se nettoie facilement est à recommander lorsqu'on emploie des liquides corrosifs qui attaquent les métaux.

Un des appareils avec pompe à air les plus pratiques est celui de M. *Besnard*. Il se compose d'un récipient ovale en cuivre rouge R de la contenance de 15 à 20 litres, fermé à sa partie supérieure par un bouchon à vis *i* supportant un barboteur, sorte de pendule formé d'une tige terminée par une plaque de plomp *p* qui oscille continuellement dans le liquide par le mouvement que lui imprime l'ouvrier en marchant. La pompe à air B est fixée sur le côté de R et en dehors, ce qui permet de la visiter facilement. Dans ce corps de pompe en cuivre rouge se meut un piston P en cuir embouti monté sur une tige d'acier. La tige du piston *t* reçoit son mouve-

11

ment alternatif d'un levier L, articulé en *a* sur la tête de *t* et en *b* sur une tige soudée sur R.

L'aspiration et la compression se font à la partie supérieure du corps de pompe ; des soupapes S formées de deux parties, l'une en cuivre *d* et l'autre en caoutchouc *f* s'appliquant sur leurs sièges, forment joints ; elles sont guidées par des tiges *u*. Cette disposition empêche le liquide de pénétrer dans le corps de pompe et par suite de tomber sur le dos de l'homme par le stuffing box de la tige du piston. Ce pulvérisateur se détériore ainsi moins facilement, puisque les organes travaillants de l'instrument ne sont pas en contact avec les liquides corrosifs ; il n'y a que les soupapes qui sont vite mises hors de service, mais ce sont des pièces peu coûteuses et faciles à remplacer.

Il ne faut guère qu'une minute et demie à deux minutes pour remplir le récipient où l'air se comprime à près de deux athmosphères ; par la compression préalable du liquide dans le réservoir, l'ouvrier peut rester 8 à 10 minutes sans pomper, c'est-à-dire pendant la moitié du temps que l'appareil met à se vider, 15 minutes environ.

Le pulvérisateur *Noel* qui a remporté le premier prix au concours de Mareil-Marly, organisé par le jury des concours internationaux des machines agricoles de l'Exposition de 1889, se compose d'un réservoir en cuivre rouge contenant le liquide antiseptique, au-dessous duquel se trouve une forte plaque en caoutchouc qui, tantôt comprimée, tantôt abandonnée à elle-même et revenant en arrière par son élasticité, ouvre ou ferme

Fig. 69. — Pulvérisateur Besnard

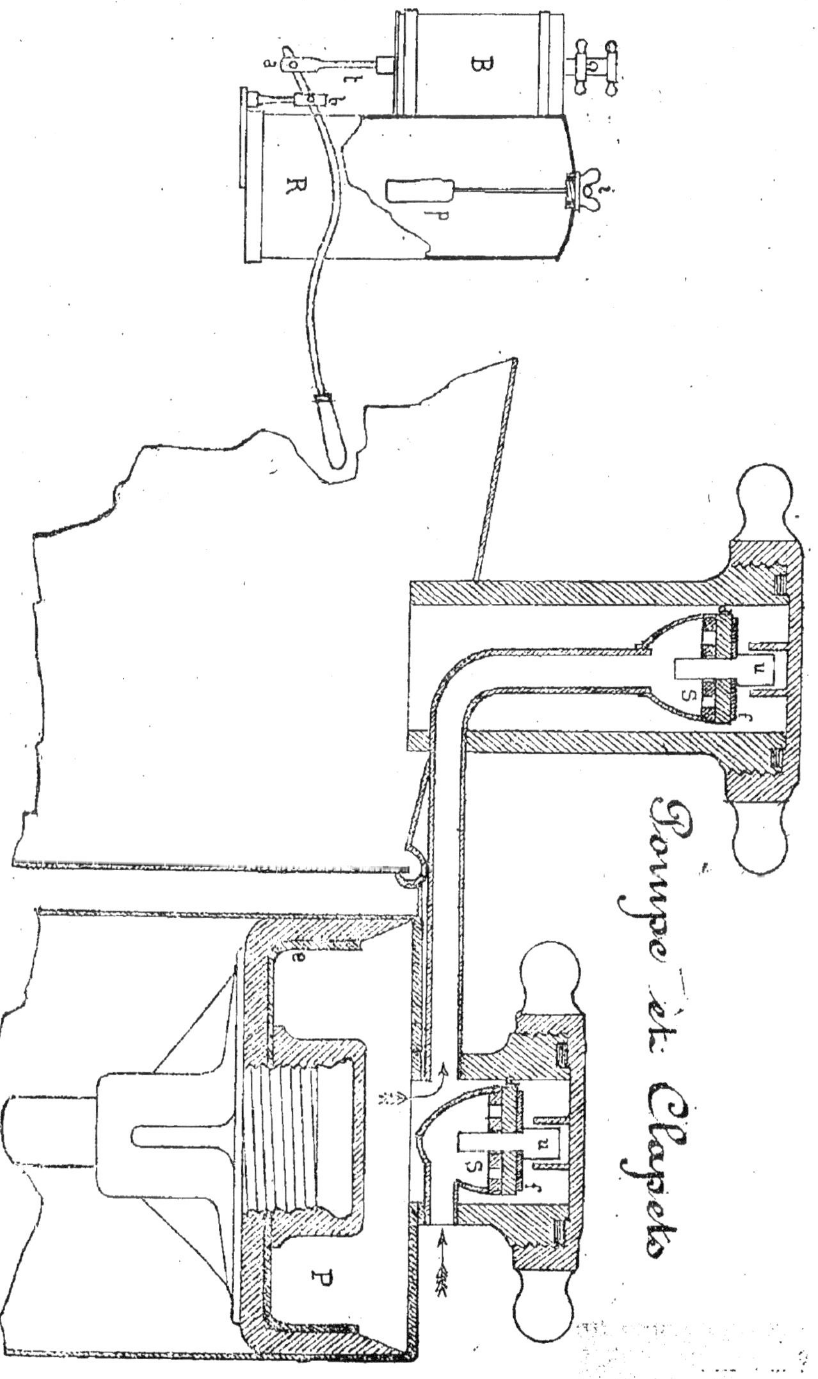

un clapet de rentrée d'air. L'air montant naturellement à la surface du liquide l'agite par un bouillonnement continu dans toute la masse. Le liquide ainsi comprimé et agité, est obligé, avant de pénétrer dans le tube de la lance, de passer par une crépine en toile métallique de cuivre arrêtant les impuretés qui pourraient obstruer le jet.

c — *Appareils fonctionnant par une hydronette.* Le pulvérisateur Pilter-Bourdil, dont j'ai déjà décrit le jet est un instrument de cette catégorie. La hotte ou réservoir porté sur le dos de l'homme est en tôle plombée, d'une capacité de 20 litres environ de forme aplatie sans agitateur. Ce réservoir est mis en communication avec la pompe proprement dite par un tuyau de caoutchouc. Cette pompe aspirante et foulante, dite hydronette, ne produit qu'un jet intermittent, mais ce jet peut être projeté très loin. Elle est très douce et s'use peu. Elle est formée (fig. 63) par deux tubes en cuivre D et E entrant l'un dans l'autre, elle porte deux plateaux, l'un *a* fixe l'autre *e* mobile, entre lesquels se trouve comprimé un tambour d'amiante *b*. Le tube extérieur fait fonction de corps de pompe. La garniture en amiante très étanche empêche tout passage de liquide entre les deux tubes. Au-dessus de la plaque fixe *a* un ressort agit sur un second piston creux fermé au refoulement par la boule en caoutchouc K.

L'hydronette Japy (fig. 70) mise en communication avec un réservoir de 15 à 20 litres, semblable à ceux à dos d'homme munis de pompe indépendante, se compose d'un corps A dans lequel se meut un piston B formé, comme dans l'appareil Bourdil, d'un tube creux amenant le liquide du réservoir. Ce piston porte à l'extrémité située du côté de la lance une garniture *g* frottant contre A, et au centre une soupape à boulet C. Lorsqu'on retire B en arrière, le liquide se précipite en A, soulève C et remplit complètement A. Lorsqu'on repousse le piston vers la lance, le clapet C se ferme et le liquide est chassé dans le jet *j* muni d'un Riley *o* avec dégorgeoir à aiguille *a*. Cette hydronette peut se placer sur un réservoir quelconque, elle fonctionne comme le Pilter-Bourdil, et est surtout employée pour la pulvérisation à longue distance.

Fig. 70

Hydronette Japy

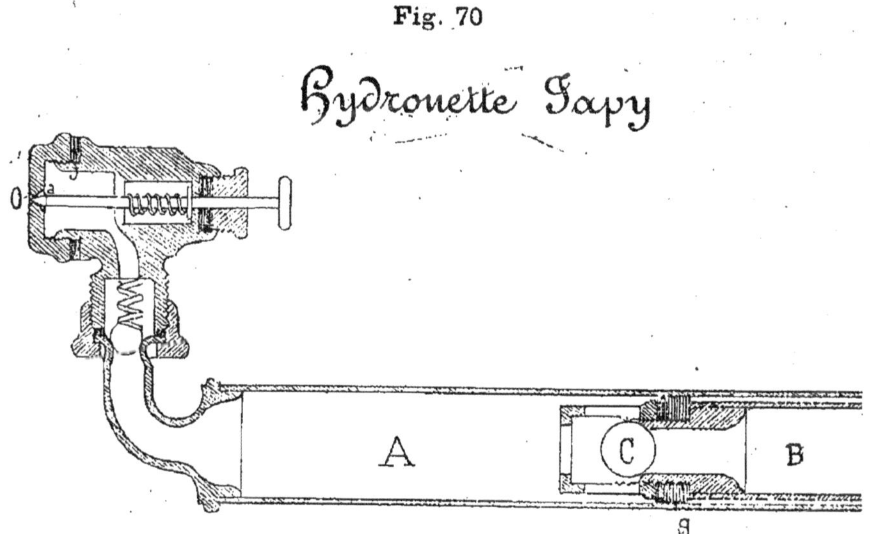

Le pulvérisateur Grétillat ne diffère des deux précédemment décrits que par des détails de construction.

Son appareil de pulvérisation est une espèce de jet croisé, différent un peu du robinet que j'ai décrit, en ce qu'il peut donner, soit deux jets croisés, soit un jet unique comme la lance Damancy.

2° *Appareils à bât.* Ces appareils étaient primitivement munis d'une pompe à air, placée sur le bât, que le conducteur faisait fonctionner pendant la marche ; mais ce système est fatigant pour le conducteur qui doit emboîter exactement le pas de l'animal. Ces pulvérisateurs sont peu employés aujourd'hui. On ne se sert plus guère maintenant que de deux types, savoir : a — les pulvérisateurs portant des cylindres remplis à l'avance de liquide sous pression, *b* — les pulvérisateurs dont les pompes sont actionnées par l'animal porte-bât en utilisant le mouvement de ses membres antérieurs ou postérieurs.

a — L'appareil de M. Hérisson, inspecteur général de l'enseignement agricole, construit par MM. Casaubon et Rousset, se compose de deux parties distinctes, la pompe et le bât. La pompe P (fig. 71) est indépendante des réservoirs ; elle peut être rendue solidaire d'un madrier qu'on peut facilement fixer au moyen de boulons derrière ou devant la charrette T qui amène le liquide. Cette pompe est composée d'un piston plein, baignant en partie dans le liquide, pouvant circuler dans un corps de pompe A situé au-dessus ; c'est un piston plongeur renversé actionné par un levier L articulé en a sur une pièce *ab* maintenue par un support en fonte S fixé sur A ; la tige du piston est guidée par une douille maintenue par une arcade en fer vissée sur A, serrant en

Fig. 71

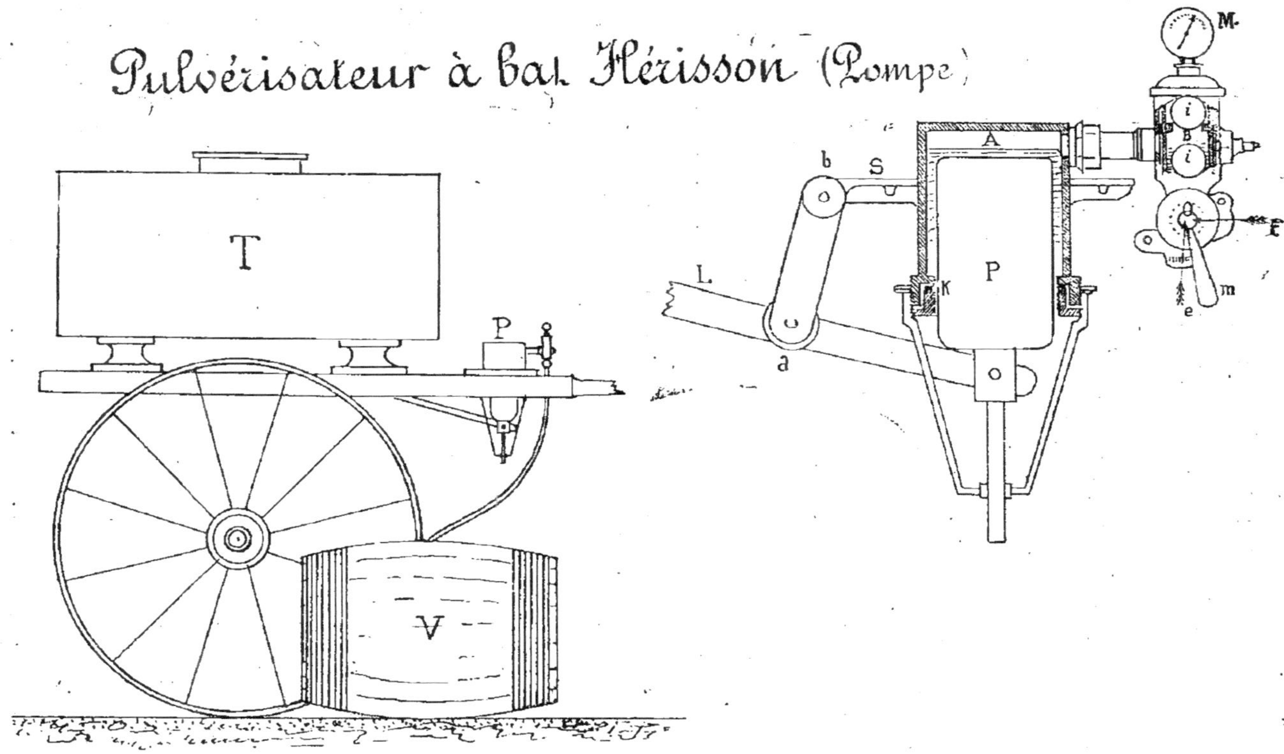

même temps le presse étoupe K du piston P sur A. Le liquide est refoulé dans une boîte à clapet portant des boules en caoutchouc *i* dont les sièges sont faciles à visiter. Un seul robinet à deux voies, manœuvré par la poignée *m*, sert alternativement à faire pénétrer l'air à comprimer ou le liquide ; l'air arrive suivant la direction *e o*, le liquide suivant *f o* par un tuyau en spirale terminé à sa partie inférieure par une crépine qui plonge dans le tonneau contenant la bouillie. Un manomètre M, placé au-dessus de l'appareil, indique la pression, que d'ailleurs une soupape de sûreté empêche de monter trop haut. Avec un peu d'habitude de la manœuvre, on peut faire arriver le liquide dans une atmosphère d'air comprimé, et réduire l'espace nuisible à un si petit volume que son effet devient négligeable.

Le bât placé sur le dos du cheval ou du mulet est plus facile à équilibrer que ceux des appareils à pompe ; car on y peut répartir la charge de chaque côté, en disposant le liquide dans deux cylindres, dont les axes sont sensiblement parallèles à l'épine dorsale de l'animal. Ces cylindres sont reliés à leur partie inférieure par un tube flexible passant au-dessus du bât, ce qui empêche que le liquide d'un cylindre se déverse dans l'autre quand la bête se penche de côté.

Ces réservoirs cylindriques sont supportés par des fers en ⌐_⌐ formant arçons ; ils sont maintenus sur le bât par des boulons articulés serrés au moyen d'écrous. C'est le réservoir de gauche qui porte le distributeur comprenant un clapet d'introduction, un robinet de prise, et un filtre spécial qui se dégorge automatiquement quand le robinet s'ouvre ou se ferme.

Le liquide est envoyé aux jets par deux tuyaux qui, soutenus en avant du bât chacun par un arc, peuvent s'incliner plus ou moins derrière la croupe du cheval selon l'élévation des ceps de vignes ou des plantes à arroser, et s'écarter de l'axe médian longitudinal par la fixation de boulons dans une coulisse placée au milieu du bât. Sur ces tubes sont articulés deux autres tubes à retour d'équerre, qui portent chacun trois jets Riley ou Raveneau. On peut donc, pour la pulvérisation avec cet appareil, occuper tous les points d'une zone assez étendue.

Quand on veut travailler avec cet instrument, on charge d'abord les deux cylindres du bât en les reliant avec la pompe mise en communication avec les tonneaux renfermant le liquide antiseptique placés sur une des fourrières du champ. On commence par comprimer l'air à 1 atmosphère et demi, puis on pompe du liquide jusqu'à ce que le manomètre marque 3 atmosphères. Les deux réservoirs pleins on fait passer le cheval sur une entreligne, de manière à laisser de chaque côté le nombre de ceps que les jets peuvent arroser.

L'appareil Muratori est aussi établi sur le principe de la compression préalable, mais jusqu'à présent son inventeur n'a construit que des pulvérisateurs à dos d'homme. Le liquide est puisé dans un baquet placé à l'une des extrémités du champ, au moyen d'une pompe de faible diamètre et de grande course; la pression est portée jusqu'à 4 athmosphères, ce qui exige des réservoirs très solides et par conséquent plus coûteux. Lorsque l'appareil ne contient presque plus de liquide, un sifflement produit par l'air comprimé qui s'échappe, indique qu'il faut recharger l'appareil ; le démontage des boîtes à soupape s'effectue facilement. Comme dans les pulvérisateurs du type précédent, chaque réservoir est muni d'une soupape de sûreté empêchant de dépasser la pression limite.

b. — Le *pulvérisateur à bât Pilter-Chambert* (fig. 72), est muni de deux pompes actionnées par les membres postérieurs du cheval ou du mulet. Cet appareil se compose d'un réservoir en cuivre rouge A, épousant la forme du bât sur lequel il est fixé. Ce réservoir peut contenir 100 litres de liquide ; il porte deux bajoues latérales, descendant assez bas pour maintenir tout le système en équilibre stable sur l'animal même, lorsque dans les pentes il incline assez fortement le corps. Les tiges des deux pompes, symétriquement placées pour chasser le liquide dans les jets, sont commandées chacune par un levier *l* sur lequel est attachée en a une corde C qui s'enroule sur la gorge d'une poulie *p*, fixée sur A ; l'axe de *p* porte une autre poulie P de plus grand diamètre entourée par une corde C' qui vient s'attacher en G à un anneau solidaire d'une guêtre lacée au-dessus du boulet du membre postérieur du cheval ou du mulet. L'animal en marchant attire ou repousse le levier, dont l'action se limite à la compression du liquide, un ressort ramenant en arrière le levier *l* abaissé par le pied de

Fig. 72 Fig. 73

Pulvérisateur à bat

Pilter Chambert Damancy

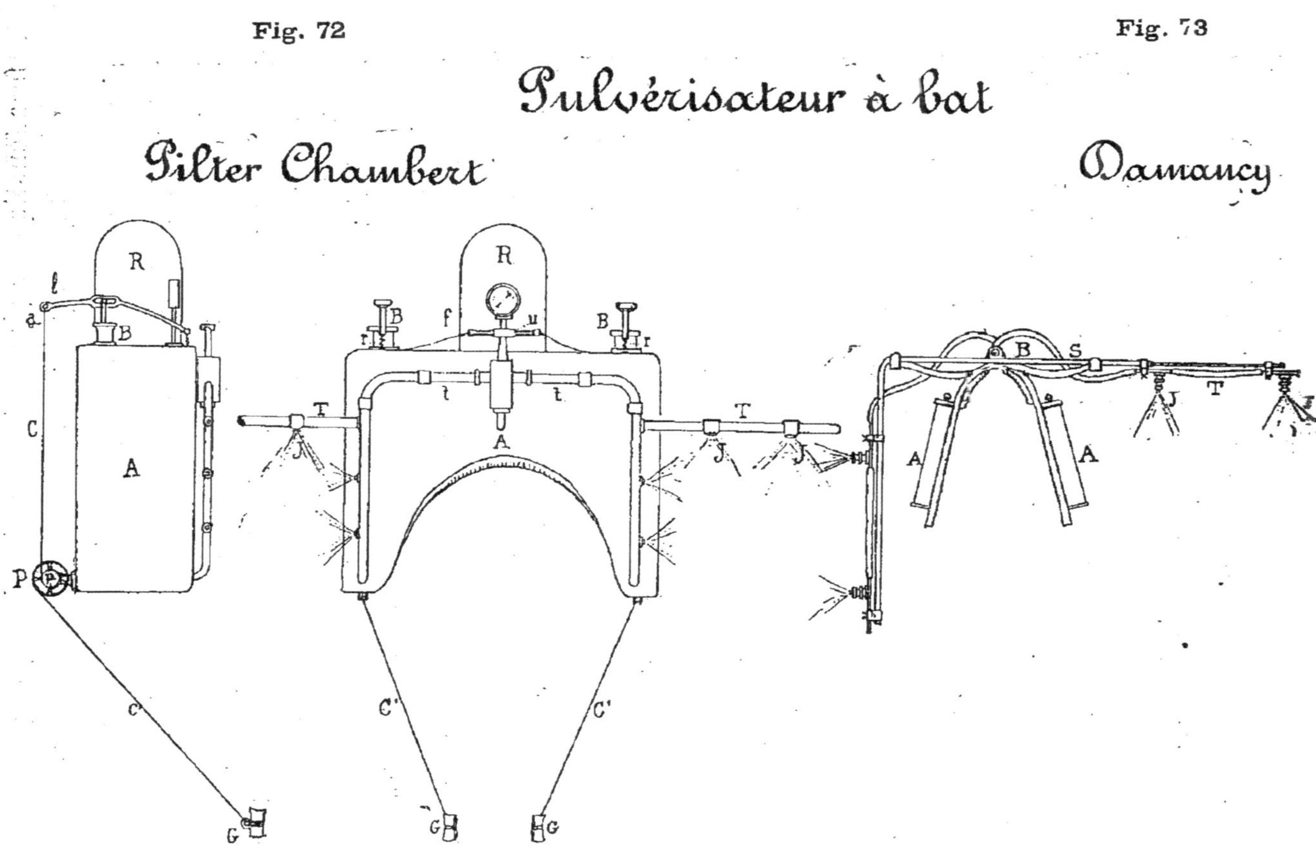

la bête. Par le mouvement naturel de son pas le cheval fera fonctionner alternativement les deux pompes B.

Lorsque, par l'action continue des pompes, la pression est devenue suffisante, (1 athmosphère à 1 athmosphère 1/2 indiqué au manomètre), le conducteur de l'animal ouvre, au moyen d'une longue ficelle *f*, qui pend le long des flancs de l'animal, un robinet *u* mettant les jets *j* en communication par les tuyaux *t* avec le réservoir A ; une soupape de sûreté garantit contre les excès de pression. Les lances placées de chaque côté du bât permettent d'envoyer des jets verticaux ou horizontaux selon la disposition des vignes.

M. Damancy (fig. 73) construit un pulvérisateur analogue ; mais ce sont les membres antérieurs du cheval qui mettent en mouvement les pompes. Le liquide arrive aux jets par des tuyaux flexibles T, maintenus par des barres rigides B, portant chacune une articulation leur permettant, tantôt de maintenir les tuyaux dans le plan horizontal, tantôt de les incliner dans le plan vertical pour les vignes basses ou les pommes de terre ; cette disposition est solide et bien comprise. Au lieu d'un réservoir unique, le bât porte deux réservoirs A de chaque côté ; chacun des réservoirs est muni d'une pompe à double effet, actionnée alternativement par un des pieds de devant de l'animal.

Le pulvérisateur à bât de *M. Besnard*, participe des deux systèmes précédemment décrits, la compression s'opère avec une pompe mue par le conducteur, et avec une pompe à poste fixe comme dans les appareils *Hérisson*. Deux réservoirs de 100 litres chacun sont placés sur le bât ; mais la moitié seulement de la capacité est occupée par le liquide. L'air est d'abord amené à 1 atmosphère dans les réservoirs par une pompe à bras fixée sur chacun d'eux, puis le liquide est refoulé au moyen d'une pompe spéciale placée sur une des fourrières du champ qui porte la pression à 3 atmosphères. Cette pompe, placée sur le bât, charge l'appareil d'un poids inutile que l'on évite dans les appareils Hérisson.

c. **Pulvérisateurs à traction.** — Un des appareils à traction les plus répandus, est celui de M. Vermorel. Avant de parler du bâti de cet instrument, je vais décrire son réservoir et son mode d'emplissage de liquide en pression. Dans ce système semblable à celui du pulvérisateur à dos d'homme, du même constructeur, l'aspiration et le refoulement ne se produisent pas par une pompe, mais par un diaphragme E en caoutchouc. Dans le pulvérisateur à traction, ce diaphragme E est très grand et retenu en F E par deux secteurs métalliques maintenus chacun par un boulon, et se fixe entre deux brides en fer M. Le diaphragme E modifie le volume d'air, minimum lorsque E est soulevé, maximum lorsqu'il est abaissé. L'excentrique B calé sur l'arbre des roues R fait mouvoir la bielle D agissant sur le balancier I. Ce balancier élevant ou abaissant le diaphragme par un mouvement symétrique rend dans l'appareil à traction le système à double effet ; par ce mouvement d'un côté S s'ouvre pour laisser entrer l'air S' se ferme, et de l'autre côté S se ferme et S' s'ouvre, de manière à envoyer continuellement l'air comprimé dans le réservoir V.

Avant d'amener l'appareil sur le champ, on remplit de liquide le tonneau T à l'aide de la pompe P fixée sur le bâti ; cette pompe munie d'un tuyau d'aspiration vissé en *i* est actionnée à l'aide de la tringle *l* et de sa poignée *m*. Ce sont les roues R qui donnent le mouvement à l'excentrique B au moyen de l'engrenage A solidaire de l'arbre des roues commandant le pignon a, calé sur l'arbre B. Ces roues R doivent pouvoir s'écarter ou s'éloigner l'une de l'autre selon la disposition des plants à arroser. Pour cela la pièce Q porte-essieu de l'une des roues R peut être fixée à un endroit quelconque du fer en ¬|_|¬ formant l'un des côtés du bâti de support du tonneau.

Le règlement des lances porte-jets est ingénieux et donne toute espèce de positions pour les jets. On peut coulisser verticalement la pièce M ou faire tourner tout le système autour des secteurs O ; ce qui permet d'en varier la hauteur depuis 0^m50 du sol pour des pommes de terre par exemple, jusqu'à 1^m60 pour des vignes échalassées. Dans le sens de la largeur, les lances L coulissant dans les têtes des porte-lances M donnent de très faibles ou de très grands écartements. Le porte-lance du milieu *y* est monté sur un disque qu'on peut faire tourner à volonté en desserrant l'écrou *z* ; au moyen de cette disposition on peut toujours placer la lance du milieu au même niveau que celles de côté. Les jets étant reliés entr'eux par des tuyaux en caoutchouc, il suffit pour en modifier la position, de desserrer les colliers de ces jets et de les resserrer à la hauteur vou-

Fig. 74

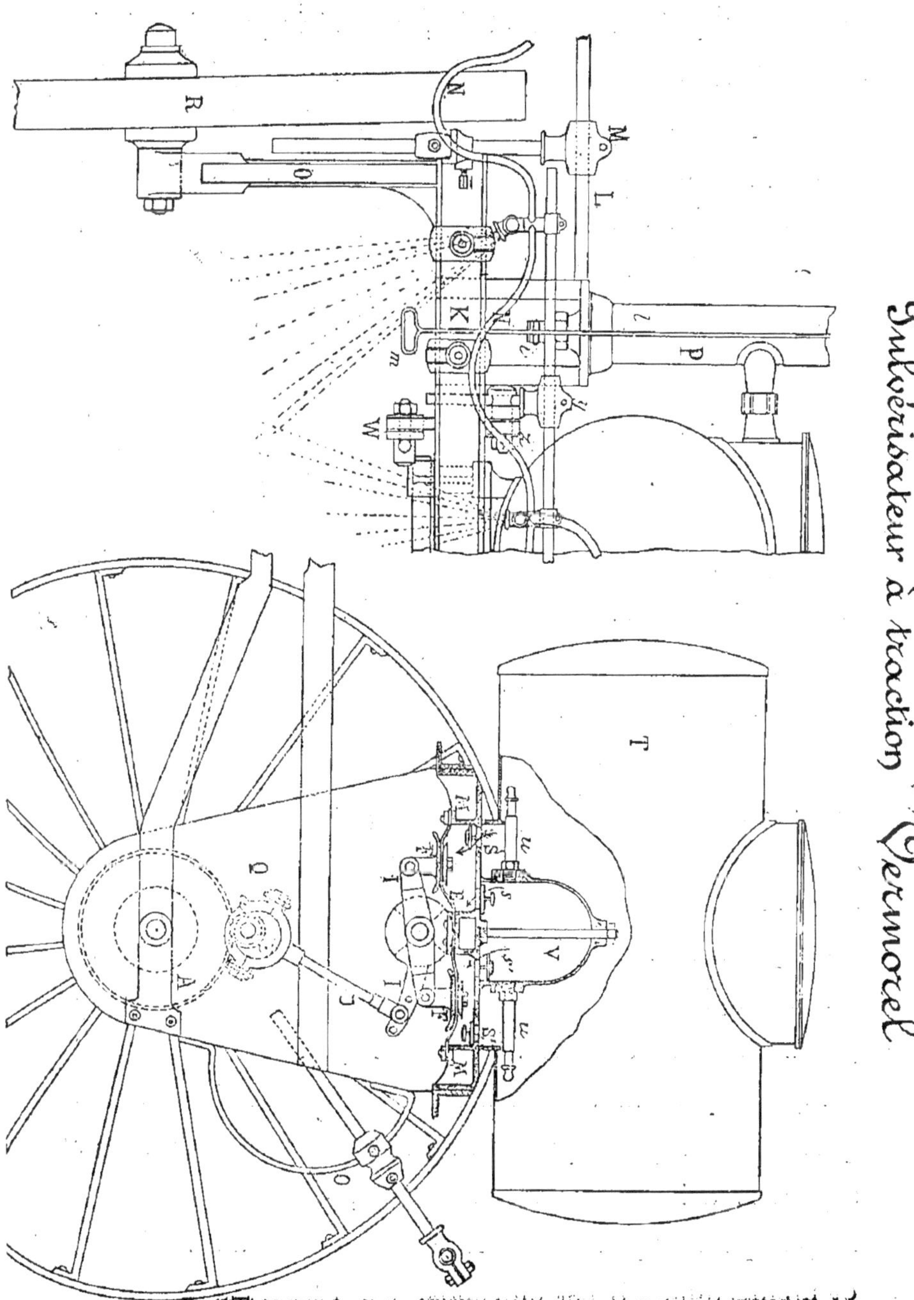

Pulvérisateur à traction Vermorel

lue. Les soupapes de sûreté *u* placées sur la cloche à air V se règlent par les écrous de tête de ces soupapes. Ce règlement préalable est utile, car si la pression était trop forte, on fatiguerait le cheval sans nécessité, si elle était trop faible, la pulvérisation se ferait mal.

L'appareil à traction Vigouroux (fig. 75) est monté sur un chariot entièrement métallique supporté par un essieu coudé en deux parties pouvant coulisser sur une traverse en fer ¯|__|¯ de manière à faire varier l'écartement des roues R de 1m50 à 2m25. Très élevé au-dessus du sol, le bâti peut passer au-dessus des plants de vignes ; l'un des brancards est mobile et peut se placer tout à fait sur le côté droit, afin que le milieu de la route suivie par le cheval de limon concorde avec la trace de la roue de droite, disposition qui rend moins sensibles les dégâts occasionnés par le passage du tonneau et de l'animal qui le traîne.

Le réservoir T supporté par le bâti contient 250 litres environ ; il est muni d'une pompe d'emplissage. Sur la roue de droite est montée une came hexagonale C qui soulève six fois pendant une révolution le galet a, communiquant un mouvement alternatif à la pompe par le levier *d* agissant sur la tige F ; on peut faire varier la longueur des bras du levier *d*, pour régler le débit de la pompe d'après la vitesse de marche de l'animal ou la quantité de liquide que l'on veut répandre. Par un levier séparé L à la main du conducteur, on peut actionner la pompe indépendamment de la marche du véhicule, et même quand il est au repos. Un ressort à boudin *y*

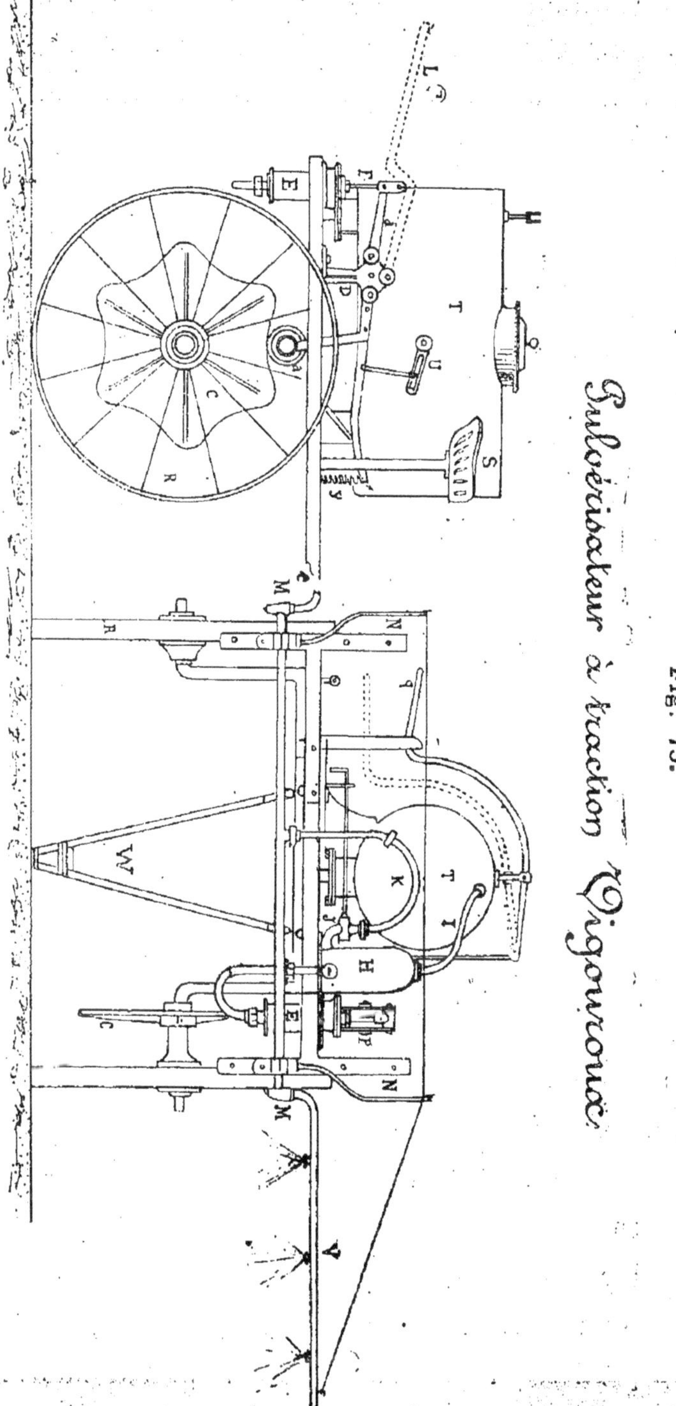

Fig. 75.

Pulvérisateur à traction Vigouroux

serre continuellement le galet contre la came ; un agitateur spécial U, mis aussi en mouvement par le mécanisme des roues, empêche les dépôts et maintient homogène le liquide répandu. La pompe foulante F, dans laquelle circule un piston type Letestu, puise le liquide dans une boîte munie d'un filtre, le refoule dans le réservoir d'air H et le laisse échapper par une soupape réglée d'avance à une pression déterminée. Un robinet K ouvre l'arrivée du liquide dans des tubes horizontaux mis en communication avec d'autres tubes à genouillères M, dont on peut régler la hauteur et la direction sur la tige verticale N. Ces tubes portent trois, six ou neuf jets suivant les traitements. Une chambrière très haute W soutient l'appareil au repos.

Quand le réservoir est rempli, les roues montées à l'écartement des lignes de ceps, et la course de la pompe réglée suivant le débit, on amène l'appareil près des vignes ou plantes à traiter ; on établit la pression d'air nécessaire à la mise en marche par le levier direct de la pompe, on ouvre le robinet de distribution et l'on commence le traitement. Le liquide refoulé par la pompe est envoyé aux jets pulvérisateurs ; s'il arrive en trop grandes quantités pour être débité par les jets, l'excédent est ramené dans le tonneau T au moyen d'une soupape automatique.

Le pulvérisateur à traction de MM. Japy est porté sur deux roues d'écartement variable ; cet écartement est obtenu par une disposition spéciale de l'essieu en deux parties qui peuvent glisser l'une sur l'autre ; les deux roues supportent un simple châssis métallique sur lequel on peut mettre un tonneau quelconque, une simple barrique de 228 litres par exemple, pour recevoir le liquide à répandre.

Sur l'arrière du châssis sont placées deux pompes à simple effet, dont les pistons sont actionnés par deux excentriques calés à 180° sur un même arbre horizontal; cet arbre des pompes peut aussi être mis en mouvement à bras au début de l'opération, afin de produire dans le réservoir d'air la pression préalable nécessaire au travail, pression maintenue dans les limites voulues par une soupape de sûreté. Des poulies et une chaîne de Galle permettent aux roues en marche de transmettre le mouvement à l'arbre des pompes. Les jets sont disposés de manière à donner un arrosage semblable à celui des deux appareils précédents.

Choix d'un appareil.— Ainsi qu'il résulte de la description que je viens de faire des différents types de pulvérisateurs, les moyens employés pour obtenir la pression nécessaire à l'arrosage des plantes varient avec les constructeurs et peuvent se ramener à trois types : appareils portant leurs moyens de compression, *soit une pompe à liquide* soit une *pompe à air*, appareils où la compression s'opère par des pompes spéciales indépendantes du pulvérisateur ; ces derniers appareils sont dits à *compression préalable.*

Les appareils avec *pompes à liquide* sont plus simples, et faciles à entretenir ; mais il est nécessaire qu'ils soient démontables, comme le pulvérisateur Japy, pour permettre d'examiner facilement le mécanisme, rapidement détruit par les liquides corrosifs que l'on emploie. Il faut souvent nettoyer ces pulvérisateurs et pouvoir effectuer ce nettoyage dans toutes les parties, pour éviter que les liqueurs employées séjournent dans les réservoirs et les boîtes à clapets. Ces pompes à liquide produisent, avec les réservoirs d'air qui y sont presque toujours adjoints, une pression puissante et régulière qui semble nécessaire pour le jet Riley.

Les instruments munis de *pompes à air* sont un peu plus délicats, et il faut que les pistons et clapets de ces pompes soient bien étanches, la moindre fuite arrêtant la marche de l'appareil. Les dispositions prises pour éviter ces inconvénients dans le pulvérisateur Besnard en font un appareil très pratique pour le travail à dos d'homme. Ce pulvérisateur a, sur ceux munis de pompes à liquide, l'avantage de ne pas mettre le corps de pompe et les soupapes en contact avec les liquides corrosifs.

On reproche aux appareils à compression préalable d'avoir un débit irrégulier, par suite de la variation entre la pression du début et celle de la fin de l'opération, variation qui peut atteindre 1 atmosphère 1/2 à 2 atmosphères. En pratique cette variation est peu considérable, et dans l'appareil Hérisson il est possible d'en diminuer les effets en manœuvrant le robinet placé sur la lance. D'ailleurs le débit est loin d'être constant et uniforme dans les appareils portant leur pompe ; car le mouvement qui leur est imprimé par a main de l'homme ou le pied des animaux est souvent irrégulier.

Entretien des appareils.— Les pulvérisateurs contenant en travail des liquides plus ou moins corrosifs, il faut, si l'on veut s'en servir longtemps, les entretenir avec soin. Il est indispensable, à la fin de chaque journée de traitement, de les laver complètement. Pour obtenir ce lavage complet, le meilleur procédé consiste, après avoir rempli le réservoir à moitié d'eau propre, à faire fonctionner l'appareil jusqu'à ce qu'il ne reste plus de liquide dans aucun de ses organes, et à sécher ensuite toutes les parties abordables avec une éponge. C'est évidemment l'instrument dont on pourra nettoyer facilement l'intérieur et les organes dans toutes les parties qui se conservera le plus longtemps, et la facilité de nettoyage complet est une des conditions dont on devra tenir sérieusement compte dans l'achat d'un appareil. Malgré les dégorgeoirs, les jets s'encrassent à la longue ; il faut souvent les démonter, et gratter avec soin toutes les parties oxydées ou remplies d'ordures. Les leviers et articulations, souvent graissés sur le champ avec des huiles de mauvaise qualité par suite de la négligence et de l'oubli des ouvriers, devront être débarrassés de cambouis.

Les garnitures en cuir devront être enduites de graisse, ainsi que les garnitures en chanvre ; pour ces dernières, que d'ailleurs avec raison on emploie moins aujourd'hui, il faut se servir de suif dont on oint les derniers torons de filasse. Pour les garnitures de piston et pour les mouvements, il faut employer des huiles de première qualité n'encrassant pas les organes. L'ouvrier devra toujours porter sur lui une petite fiole pleine d'huile munie d'une barbe de plume, permettant de pénétrer dans les articulations et les robinets qui doivent être graissés plusieurs fois par jour. Les sièges des soupapes à boulets ou autres doivent être visités et nettoyés à fond, et il est indispensable d'avoir toujours en réserve des sièges et soupapes afin de remplacer ces pièces à la moindre usure. Le travail terminé, les pulvérisateurs à dos d'homme doivent être suspendus le long d'un mur ou d'un poteau dans un endroit sec, les tuyaux de caoutchouc suspendus et allongés.

Organisation sur le terrain d'un traitement au moyen de Pulvérisateurs. — Les traitements des vignes et des plantes disposées en lignes continues sur le terrain demandent à être faits avec méthode pour éviter les pertes de temps. La disposition du sol, les moyens d'accès aux champs à traiter, leur longueur et leur largeur sont autant d'éléments qui guident dans l'organisation du travail. On procède à peu près de même pour arroser les vignes ou les pommes de terre.

Soit un champ M N O R (fig. 76) planté d'un côté en vignes V, de l'autre en pommes de terre T à traiter avec des appareils à dos d'homme. Je suppose, cas le plus favorable, qu'il est entouré de trois côtés par des chemins en MO, MN, OR. Si le champ n'est pas très long, et que l'ouvrier puisse arroser les deux lignes 1-1,

2-2, à l'aller, et les deux suivantes au retour, il chargera son appareil au premier tonneau *t* rempli de liquide placé sur MN du côté de M ; et pendant tout le traitement il s'alimentera sur la même rangée de tonneaux située sur le chemin MN. Toutefois, comme il pourrait

Fig. 76

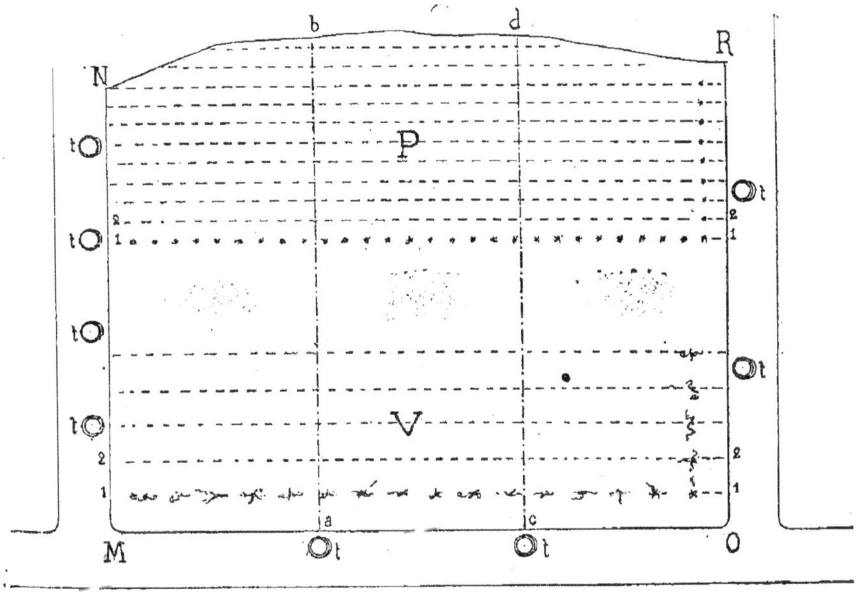

avoir mal réglé son jet et reconnaître, arrivé sur le chemin OR, que son réservoir sera vide avant d'avoir atteint MN, il est prudent de mettre quelques tonneaux de liquide sur OR. Enfin si les lignes 1-1, 2-2, sont trop longues pour que l'ouvrier puisse les parcourir sans recharger son réservoir, on disposera des tonneaux de liquide en *a* et *c*, et alors l'ouvrier arrivé en face de *a b* et de *c d* suivra les lignes *b a* et *d c* pour venir charger à nouveau son appareil en MO. En résumé, l'organisateur du chantier devra toujours étudier le terrain avant le traitement, de manière à diminuer le plus possible le nombre des fausses manœuvres, réduire au minimum les pertes de temps nécessitées par les changements d'appareils, et rendre facile la surveillance de tout le chantier.

On ne peut donner de règles pour le traitement des arbres fruitiers. Ce traitement, qui se fait sur une grande échelle pour les pommiers, s'opère avec des pulvérisateurs à dos d'homme ou à brouette, munis de lances spéciales généralement placées au bout d'un long tuyau de caoutchouc soutenu par une canne en bambou. Il faut que les jets des appareils puissent s'étaler de tous côtés en pluies très fines pour pénétrer dans toutes les parties de l'arbre. Les liquides employés sont généralement le sulfate de cuivre et le sulfate de fer ; et pour les pucerons, le savon noir et le pétrole à 2 °/₀. On peut même se servir des pulvérisateurs pour chauler les troncs et les branches des arbres.

Prix de revient des traitements antiseptiques exécutés avec des pulvérisateurs. — Les prix de revient du travail dépendent du procédé employé, des quantités de liquide répandues, de l'habileté des ouvriers chargés de ce travail, et aussi de la vitesse de translation du moteur. S'il s'agit d'appareils à dos d'homme portés.

par des ouvriers marchant à une vitesse moyenne de 2 kilomètres à l'heure, chaque ouvrier peut traiter par jour 1 hectare à 1 h. 1/2, avec une dépense de 200 à 400 litres de liquide par hectare, suivant la nature du traitement et les époques de végétation. La quantité traitée augmente avec l'étendue des champs, elle dépend aussi de la nature des plantes et de la disposition des appareils employés. Pour la vigne M. Ferrouillat estime que le travail dans une grande exploitation revient à 16 fr. 75 par hectare pour trois traitements qui doivent chacun être terminés en une semaine. Ces chiffres ont été obtenus dans des expériences faites sur 50 hectares soumis à 3 traitements avec 8 appareils, 8 porteurs et 2 emplisseurs.

Amortissement annuel des 8 appareils. . . .	118 fr.
10 ouvriers à 4 fr. par jour pendant 24 jours.	720
Total pour 50 hectares.	838 fr.

Quand on se sert d'appareils à compression préalable et à bât, on peut travailler environ 6 hectares de vignes basses par journées de dix heures avec un cheval ou un mulet et son conducteur, et le prix de revient pour trois traitements est de 8 à 10 francs par hectare.

Les appareils à traction, avec deux hommes et deux chevaux, peuvent traiter environ 8 hectares de vignes basses. Quand on opère sur 50 hectares au moins, le prix de trois traitements revient à 7 ou 8 fr. l'hectare.

Lorsqu'on arrose des pommes de terre la quantité de liquide à employer par hectare est plus forte que pour la vigne. Dans les expériences faites à Choisy-le-Roy au concours organisé par la Société des Agriculteurs de France, consignées dans le rapport de M. Tresca, on a constaté que les appareils à traction ou à bât distribuaient environ 700 litres de liquide par hectare. M. Aimé Girard estime que cette quantité est trop faible et que, les feuilles de pommes de terre étant peu sensibles à l'action corrosive des liquides, il est prudent de forcer un peu la dose, afin d'être assuré de détruire tous les parasites. Il est évident que si on augmente la quantité de liquide répandue par hectare, les emplissages d'appareils sont plus fréquents, les surfaces embrassées moins grandes, et par conséquent le prix de revient est plus élevé.

TABLE DES MATIÈRES

DE LA DEUXIÈME PARTIE

Semailles

Pages

CHAPITRE Ier. — AMEUBLISSEMENT SUPERFICIEL DU SOL. 2

Cultivateurs extirpateurs.......... 3
Bâtis de cultivateurs 5
Socs.......... 12
Herses.......... 16
Bâtis de herses.......... 17
Dents de herses.......... 22
Herses rotatives.......... 29
Rouleaux.......... 30
Rouleaux lisses.......... 32
Rouleaux Crosskill.......... 35
Rouleaux ondulés.......... 38
Succession des opérations pour la préparation mécanique du sol. 41

CHAPITRE II. — DISTRIBUTEURS D'ENGRAIS.......... 46

Distributeurs à hérisson.......... 49
Distributeurs à hérisson et caisse mobile 50
— — à caisse fixe.......... 52
— — à fond mobile.......... 57
Prix de revient de l'épandage d'engrais pulvérulents.......... 63
Distributeurs d'engrais liquides.......... 64
Tonneaux à purin.......... 65

CHAPITRE III. — SEMOIRS.......... 69

Appareil distributeur.......... 70
Pieds ou socs.......... 84
Semoirs à pieds fixes.......... 85
Socs articulés.......... 83
Direction et règlement d'un semoir.......... 91
Prix de revient du travail des semoirs.......... 110

CHAPITRE IV. — HOUES A CHEVAL.......... 117

Appareils de support et bâtis des houes 119
Socs ou pieds de houes.......... 134
Houes éclaircisseuses.......... 136
Conduite des houes et prix de revient du travail 137
Cultivateur à vapeur pour vignes.......... 140

CHAPITRE V. — PULVÉRISATEURS................ 145

Liqueurs antiseptiques................................ 146
Jets de pulvérisateurs................................ 149
Pulvérisateurs à dos d'homme.......................... 158
— à bât... 166
— à traction.. 173
Choix d'un appareil................................... 179
Entretien des appareils............................... 181
Organisation du travail sur le terrain................ 182
Prix de revient du traitement......................... 184

Table Alphabétique des Matières

Pages

Ameublement superficiel du sol........................ 3
Appareil distributeur de semoirs...................... 70
— pour l'ameublissement du sol........................ 1
Attaches des dents de herses sur le bâti.............. 25
— socs de semoirs Japy................................ 90
— socs de semoirs Smyth............................... 90
— tiges de socs de cultivateurs....................... 14
Avant-train de cultivateur Amiot et Bariat............ 5
— de houe à cheval.................................... 128
— de semoir... 92
Bâti de cultivateur................................... 3
— de herses... 17
— de houes.. 118
Charrue cultivateur à vapeur pour vignes.............. 140
Cultivateurs.. 3
Cultivateur Amiot et Bariat........................... 5
— Bajac... 14
— Candelier... 16
— Puzenat aîné.. 11
— Emile Puzenat....................................... 6
Cultivateur à vapeur.................................. 16
Dents de herse.. 22
— ou socs de cultivateur.............................. 12
Direction des semoirs................................. 91
Distributeur d'engrais pulvérulents................... 46
— — — à hérisson et caisse fixe...... 52
— — — — — mobile... 4
— — — — et fond mobile.... 57
Distributeur d'engrais Boisrenoult.................... 58
— — Hurtu... 49
— — Emile Puzenat..................................... 49
— — Rigault... 52

Pages
Distributeur pour semoir à alvéoles........................ 76
— — à cuillères........................ 72
Distributeur pour semoir Hurtu........................ 74
— — Japy de Lapparent........................ 76
— — Smyth........................ 75
Entonnoirs de semoirs........................ 86
Essais aux petits socs........................ 71
Extirpateurs........................ 3
Frein pour Crosskill........................ 36
Herses........................ 16
Herse couleuvre........................ 27
— écroûteuse Bajac........................ 30
— extensible — 23
Herse Norvégienne........................ 29
— the Acme........................ 29
— Cichowski........................ 28
— Garnier........................ 19 et 25
— Howard........................ 19
— Emile Puzenat........................ 20
— Ransomes........................ 26
— Rigault........................ 26
— Valcourt........................ 18
Houes........................ 117
— Amiot et Bariat........................ 128
— Bajac........................ 128
— Candelier........................ 126
— Durand........................ 124
— Garrett........................ 128
— Pilter-Planet........................ 119
— Emile Puzenat........................ 122
— Smyth........................ 132
— Souchu Pinet........................ 121
Houes à éclaircisseuses........................ 137
Hydronette Bourdil........................ 164
— Japy........................ 164
Interrupteur Besnard pour jet de pulvérisateur........................ 153
Jets........................ 149
Jet à aiguille........................ 153
— à robinet........................ 156
— double........................ 157
Jet Besnard........................ 157
— Bourdil........................ 153
— Damancy........................ 155
— Noel........................ 150
— Raveneau........................ 153
— Riley........................ 149
— Vermorel........................ 151
— Vigouroux........................ 153
Liquides antiseptiques pour pulvérisateurs........................ 146
Mécanisme de la houe Garrett........................ 131
Mouvement — Woolnough........................ 131
— du semoir Smyth........................ 78
Organisation du travail des pulvérisateurs........................ 181
Plan du mécanisme du cultivateur Puzenat aîné........................ 11

	Pages
Planteurs de pommes de terre Amiot et Bariat	112
— — — Japy	111
Pompes à purin	66
Prix de revient de l'épandage d'engrais pulvérulents	63
— du travail des houes	138
— — des pulvérisateurs	183
— — des semoirs	110
Pulvérisateur à bât	166
— à dos d'homme	158
— à traction	173
Pulvérisateur Besnard	161
— Bourdil	164
— Damancy	172
— Hérisson	166
— Japy 159 et	178
— Muratori	169
— Noel	162
— Vermorel	173
— Vigouroux	176
Règlement de la vitesse du distributeur d'un semoir	78
— des socs d'un semoir	99
Robinet d'épandeur	68
Rouleaux	30
Rouleaux lisses	32
— ondulés à vapeur	37
Rouleau Crosskill	34
— Pétillat	38
Semoirs	69
Semoir Albaret	81
— Japy	76
— Hurtu	74
— Smyth	74
Semoir à haricots (Albaret)	96
Socs de cultivateur	12
— de houe	132
— de semoir	84
Succession des opérations pour la préparation mécanique du sol.	41
Tonneau à purin	65
— — Amiot et Bariat	66
Vitesse de l'arbre du distributeur des semoirs	78
— — — Albaret	80
— — — Japy	83
— — — Smyth	80

Table Alphabétique des Figures

	Pages
Appareil de direction d'un semoir	93
Attaches de dents de herse sur le bâti	25
— de socs de cultivateur	14
— de socs du semoir Japy	91
Avant-train de cultivateur Amiot et Bariat	7
Bâti de cultivateur Amiot et Bariat	7
— — Emile Puzenat	5
— — Puzenat aîné	11
Changement de vitesse du distributeur Japy	83
Cultivateur Amiot et Bariat	7
Cultivateur à vapeur pour vignes 141 et	143
— Emile Puzenat	9
— Puzenat aîné	11
Détails de la houe Garrett	130
Disques de Crosskill	16
— Pétillat	19
Distributeur à alvéoles pour semoir	76
— à cuillères	73
— à vis d'archimède	76
Distributeur d'engrais Boisrenoult 59 et	61
— à hérisson et caisse mobile	51
— Rigault à caisse fixe 53 et	55
Entonnoirs pour semoir	86
Frein pour avant-train de Crosskill	37
Jet de pulvérisateur à levier et aiguille	151
— — Besnard	157
— — Bourdil	154
— — Damancy	156
— — double	157
— — Japy à robinet	156
— — Noel	150
— — Raveneau à aiguille	153
— — Riley	150
— — Vermorel	151
— — Vigouroux	153
Herse émotteuse Bajac	31
— Emile Puzenat	21
— extensible Bajac	23
— Garnier	20
— Howard	20
— Rigault	26
— Valcourt	18

	Pages
Houe Candelier	127
— Durand	125
— Garrett	130 et 131
— Emile Puzenat	123
— Souchu-Pinet	121
— Woolnough Smyth	131
Hydronette Japy	165
Mécanisme de la houe Garrett	129
— de la houe Woolnough Smyth	131
Mouvements du semoir Smyth	79
Organisation des traitements par pulvérisateurs	181
Planche d'épandage	65
Planche de règlement	99
Planteur de pommes de terre Amiot et Bariat	113
— — — Japy	115
Pulvérisateur à bât Damancy	171
— Hérisson	167
— Pilter-Chambert	171
Pulvérisateur à dos d'homme Besnard	163
— — Bourdil	155
— — Japy	159
Pulvérisateur à traction Vermorel	175
— — Vigouroux	177
Relèvement et attaches des socs d'un semoir	89
Rouleau à couronnes mobiles Bajac	137
Rouleau Croskill	35
Rouleau lisse à disques indépendants	33
Rouleaux ondulés à vapeur	58
Semis en bandes	109
Semoir à haricots	97
— à pieds fixes en travail	85
— Albaret	81
— Hurtu	73
— Japy	76 et 83
— Smyth	73 et 79
Soc de semoir avec rouleau pour betteraves	88
Socs de houe	135
Tonneau Amiot et Bariat	67
Transmission de mouvement du distributeur Albaret	81
Tubes et entonnoirs de semoirs	86

APPENDICE DU 2me VOLUME

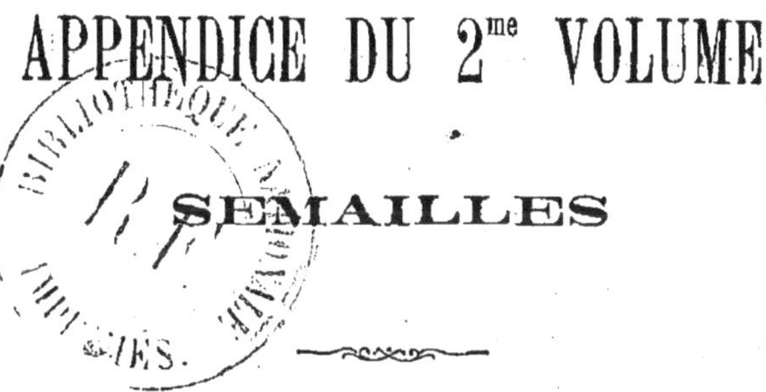

SEMAILLES

CULTIVATEUR CANDELIER

Voir page...................... 16

CULTIVATEUR AMIOT et BARIAT

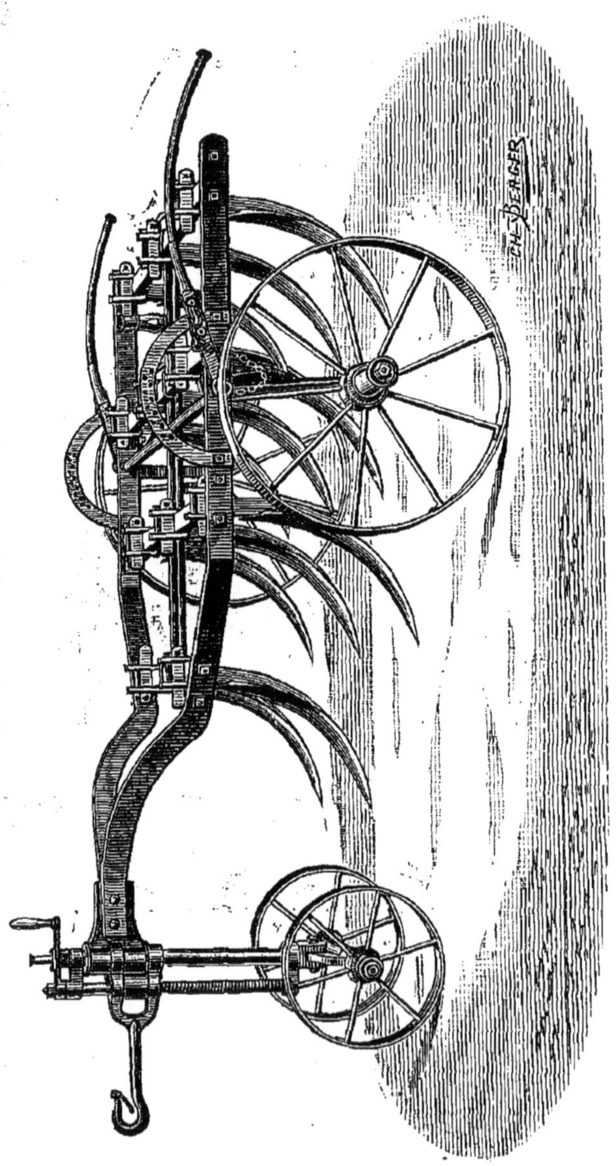

Voir page........................ 5

CULTIVATEUR EXTIRPATEUR Emile PUZENAT

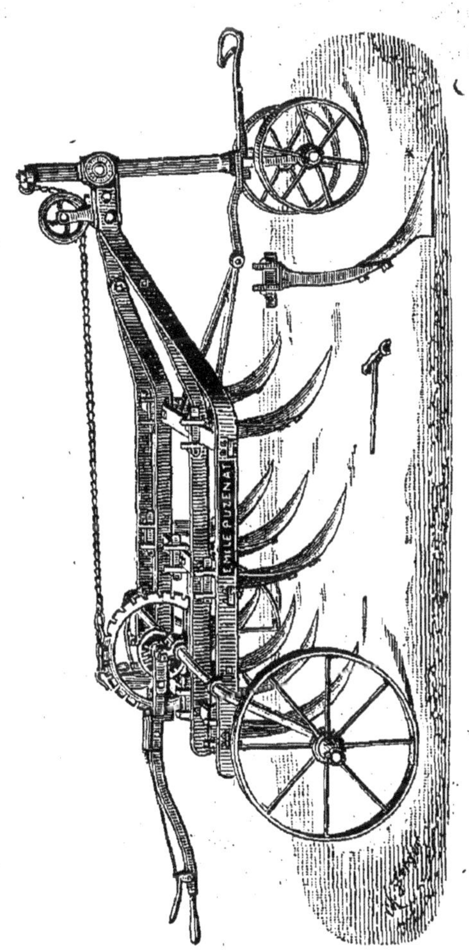

Voir page........................ 6

CULTIVATEUR PUZENAT AINÉ

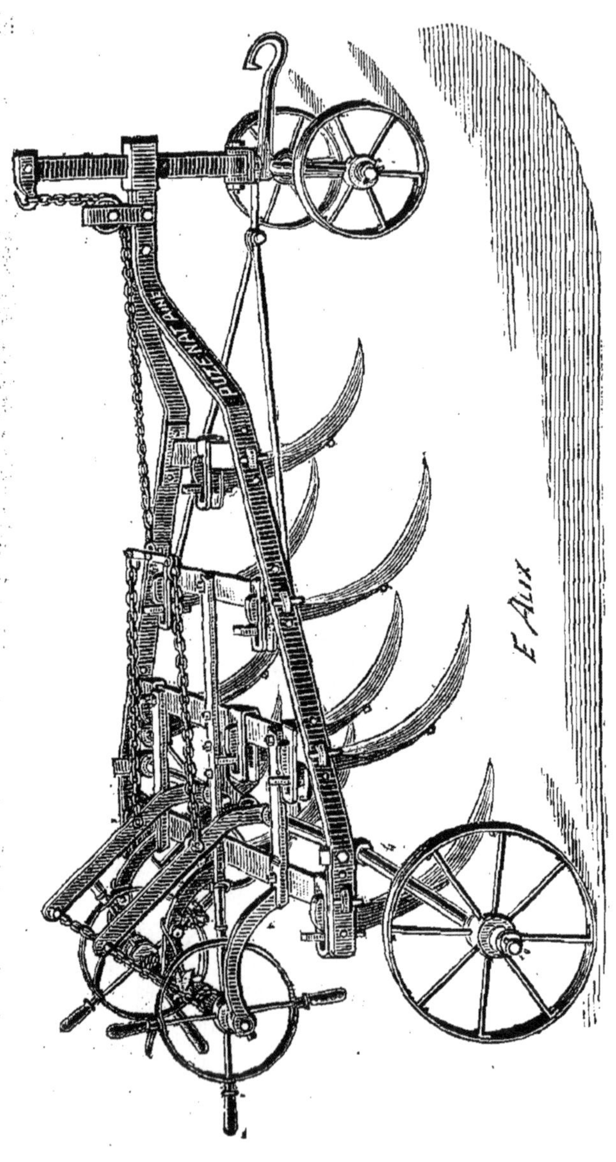

Voir page.................. 11

RÉGÉNÉRATEUR DE PRAIRIES BAJAC

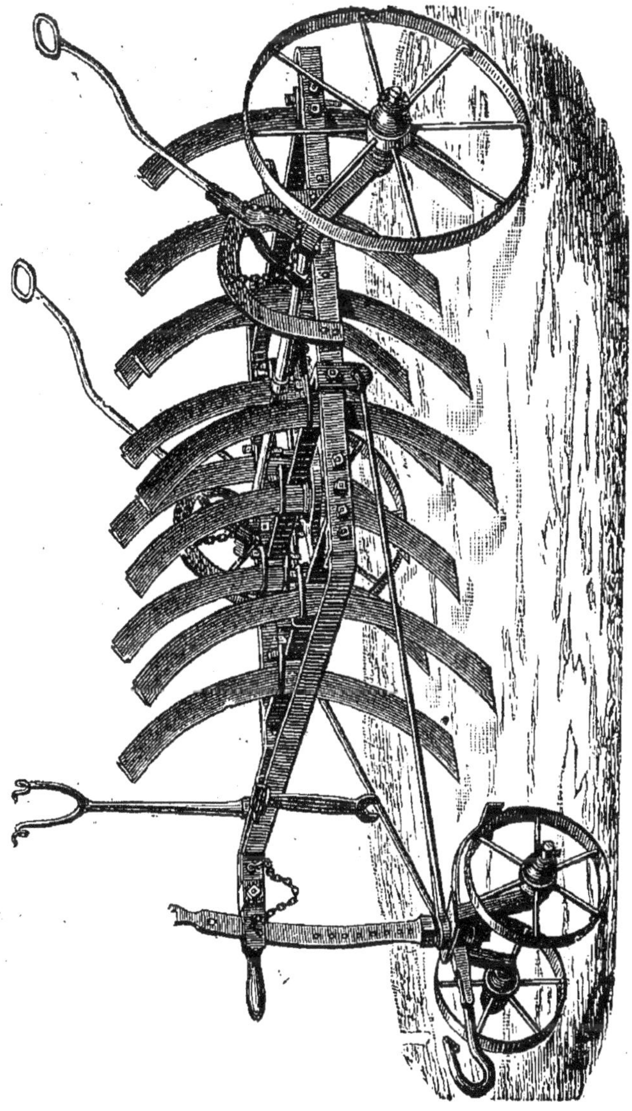

Voir page.................... 13

CULTIVATEUR A VAPEUR

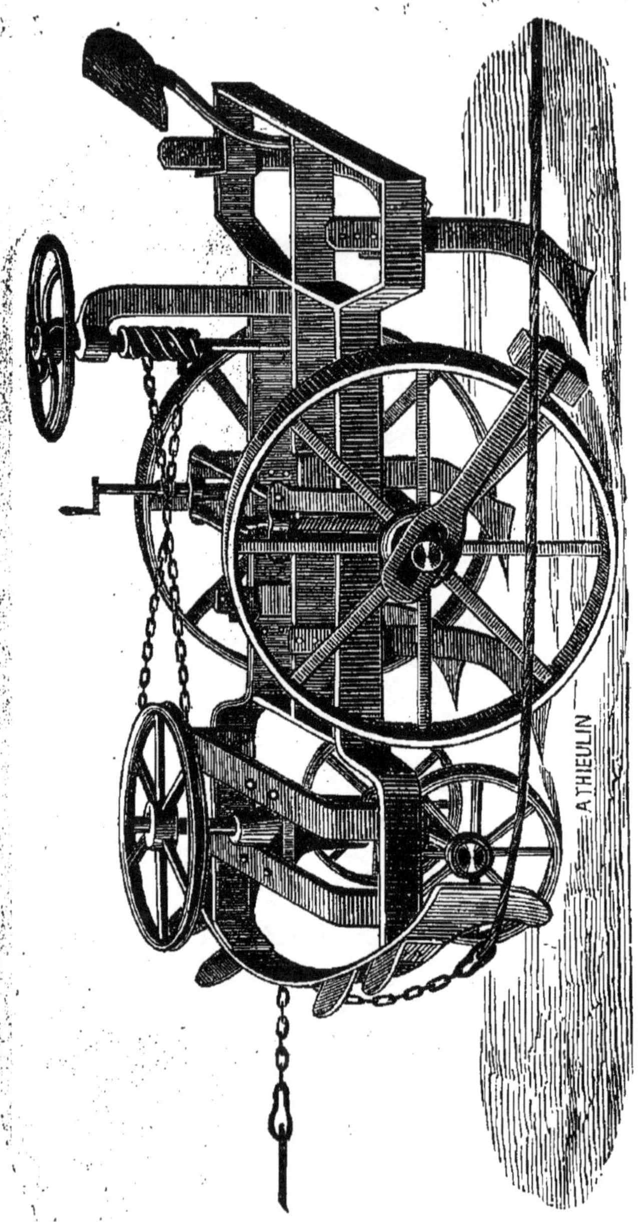

Voir page..................... 16

HERSE HOWARD (PILTER)

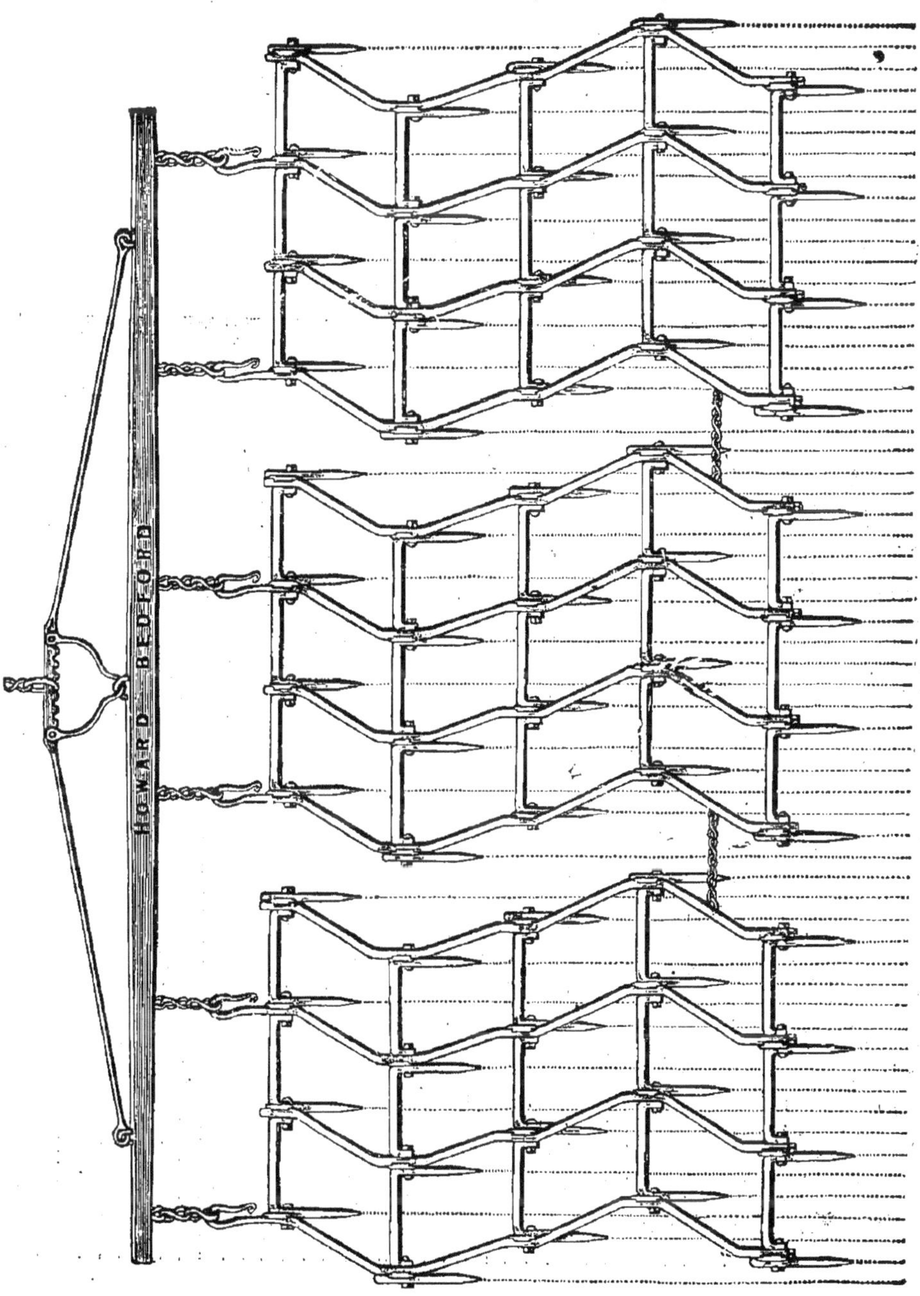

Voir page..................... 19

HERSE ÉMILE PUZENAT

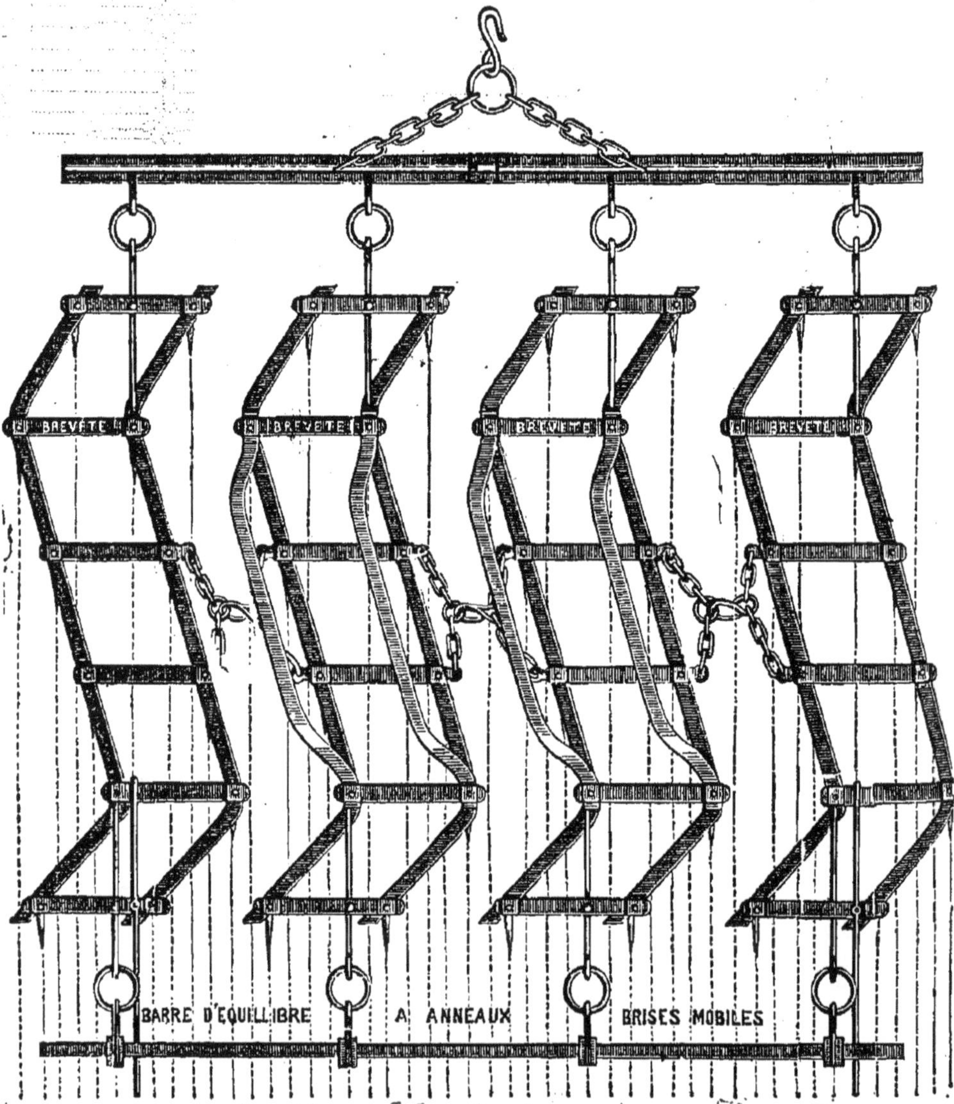

Voir page 21

HERSE RIGAULT

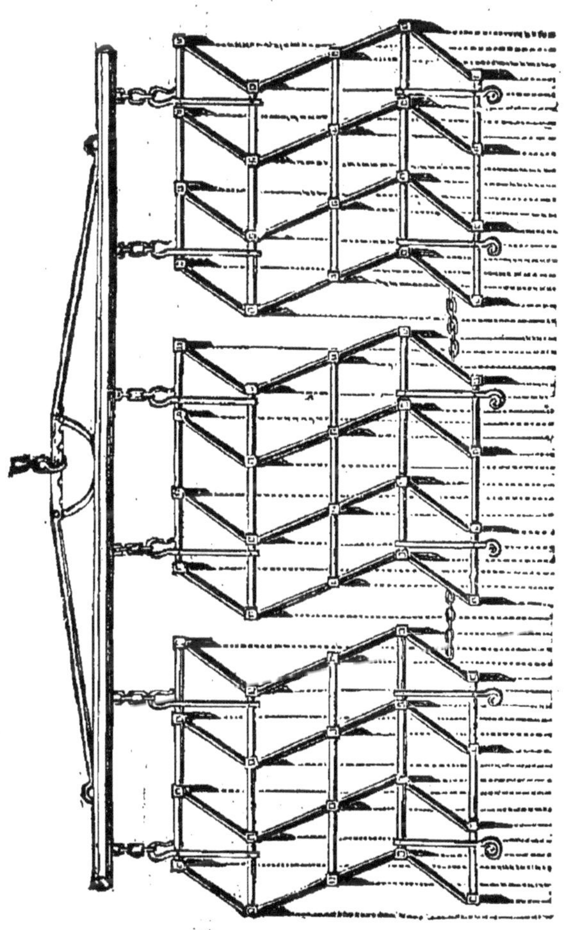

Voir page.................... 25

HERSE EMILE PUZENAT, dite COULEUVRE

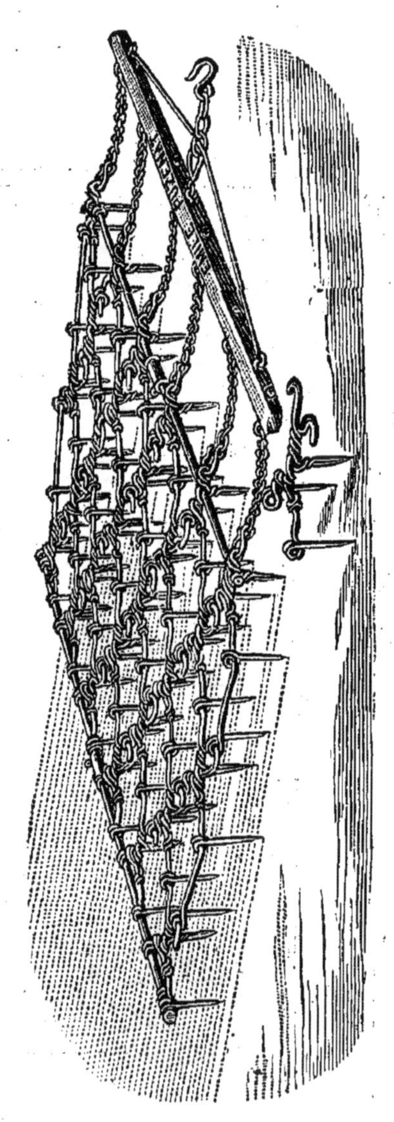

Voir page 25

HERSE ÉCROUTEUSE ÉMOTTEUSE BAJAC

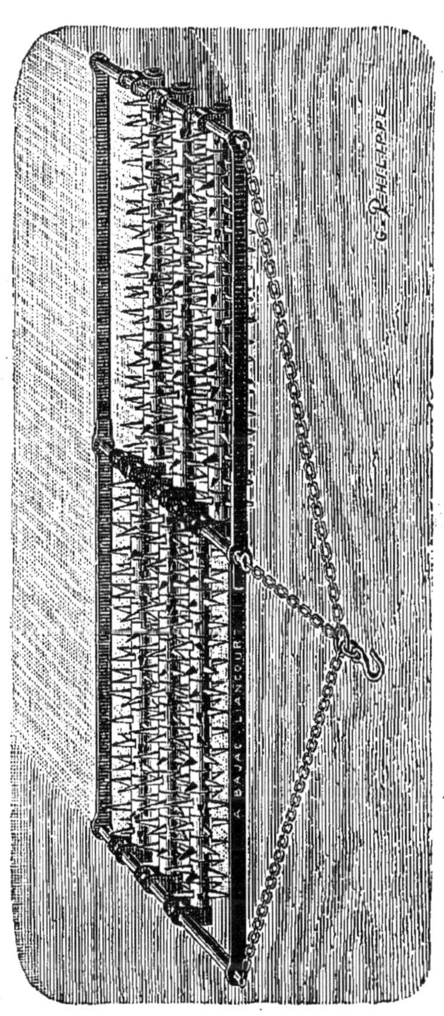

Voir page.......... 30

ROULEAU AMIOT ET BARIAT

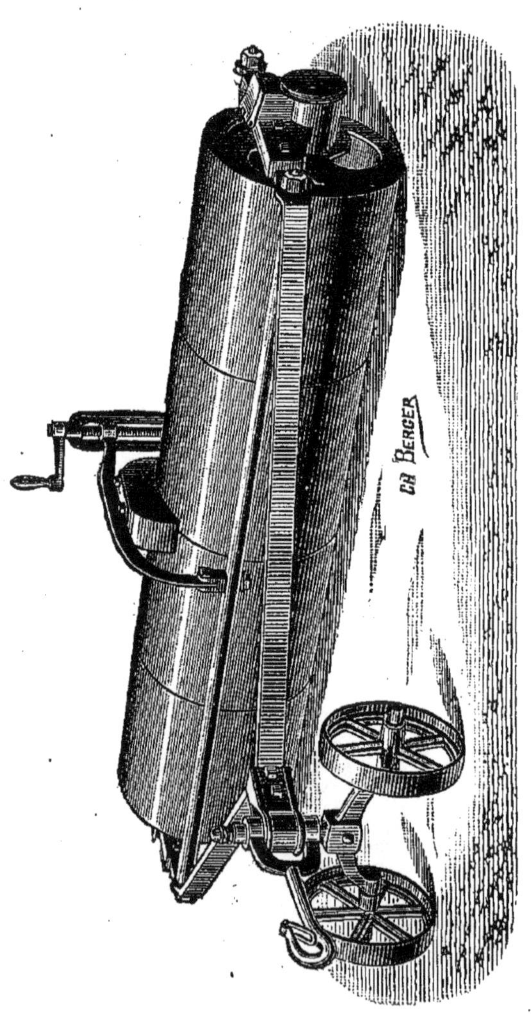

Voir page..................... 32

ROULEAU ONDULÉ BAJAC

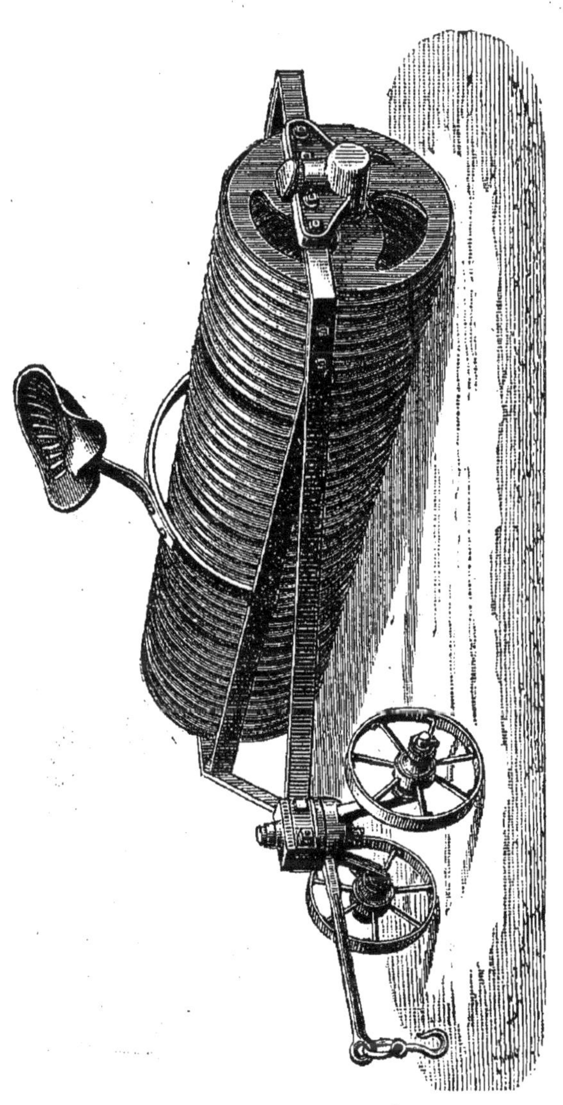

Voir page...................... 37

DISTRIBUTEUR D'ENGRAIS RIGAULT

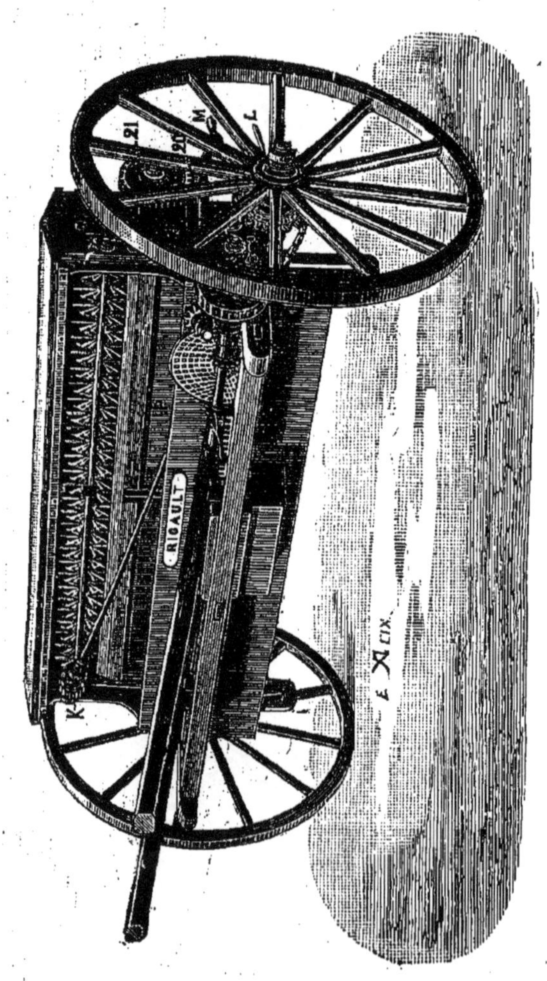

Voir page........................ 54

TONNEAU A PURIN AMIOT ET BARIAT

Voir page........................ 66

SEMOIR DE PETITE CULTURE HURTU

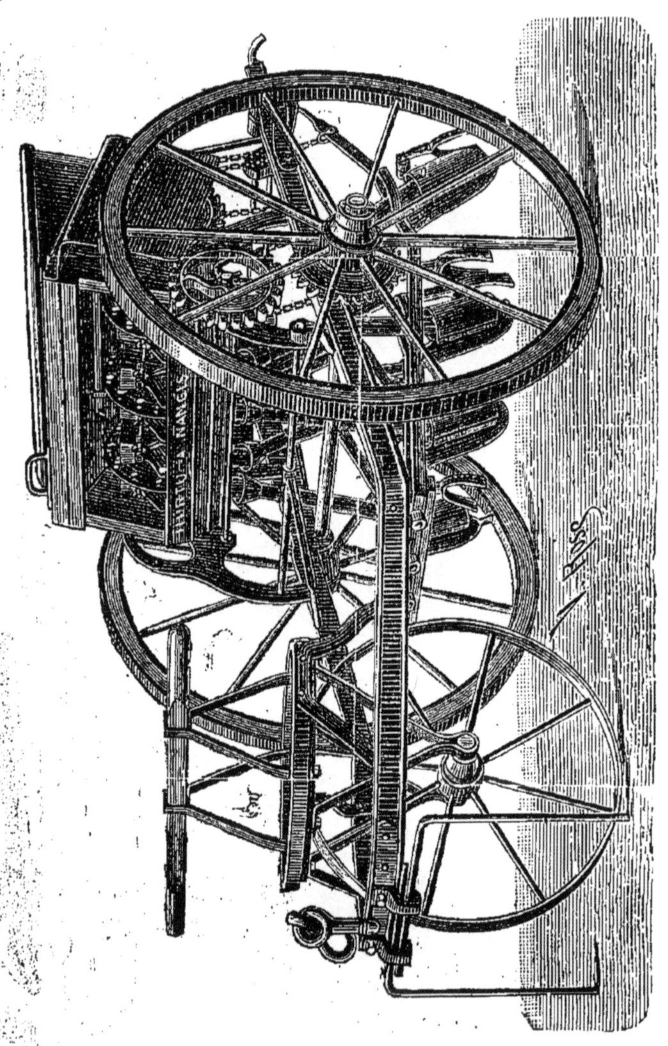

Voir page.................... 94

SEMOIR HURTU POUR GRANDE CULTURE

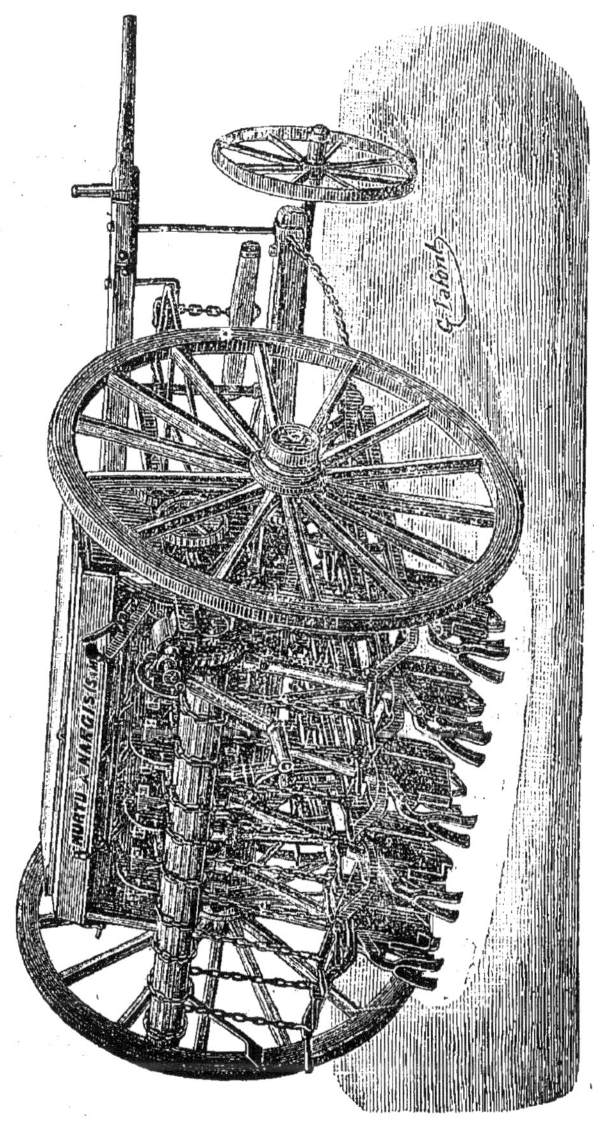

Voir page....................... 87

SEMOIR JAPY POUR PETITE CULTURE

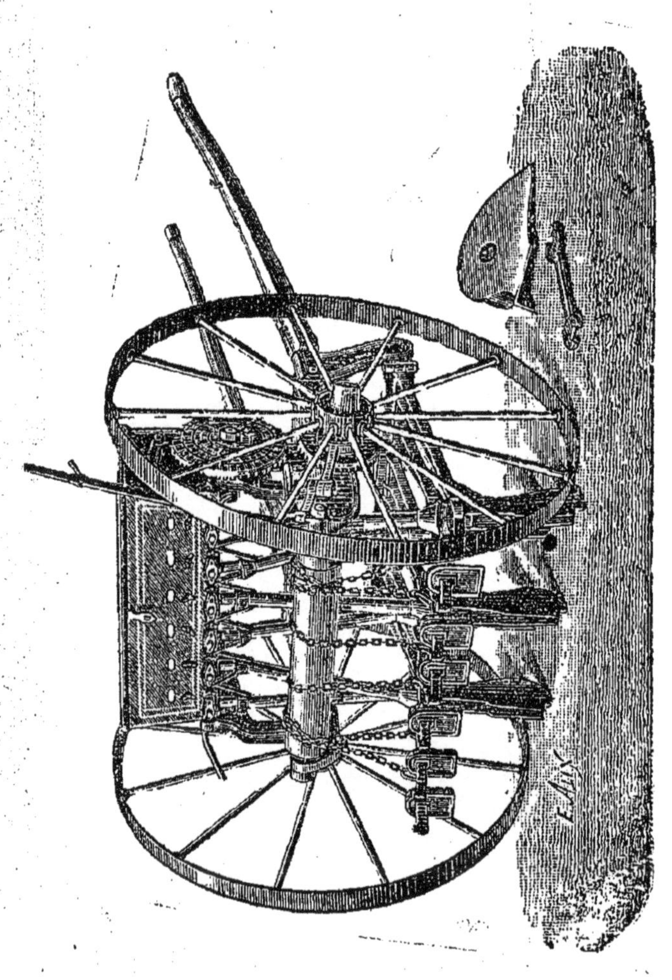

Voir pages.............. 73, 83, 91

SEMOIR JAPY A AVANT-TRAIN

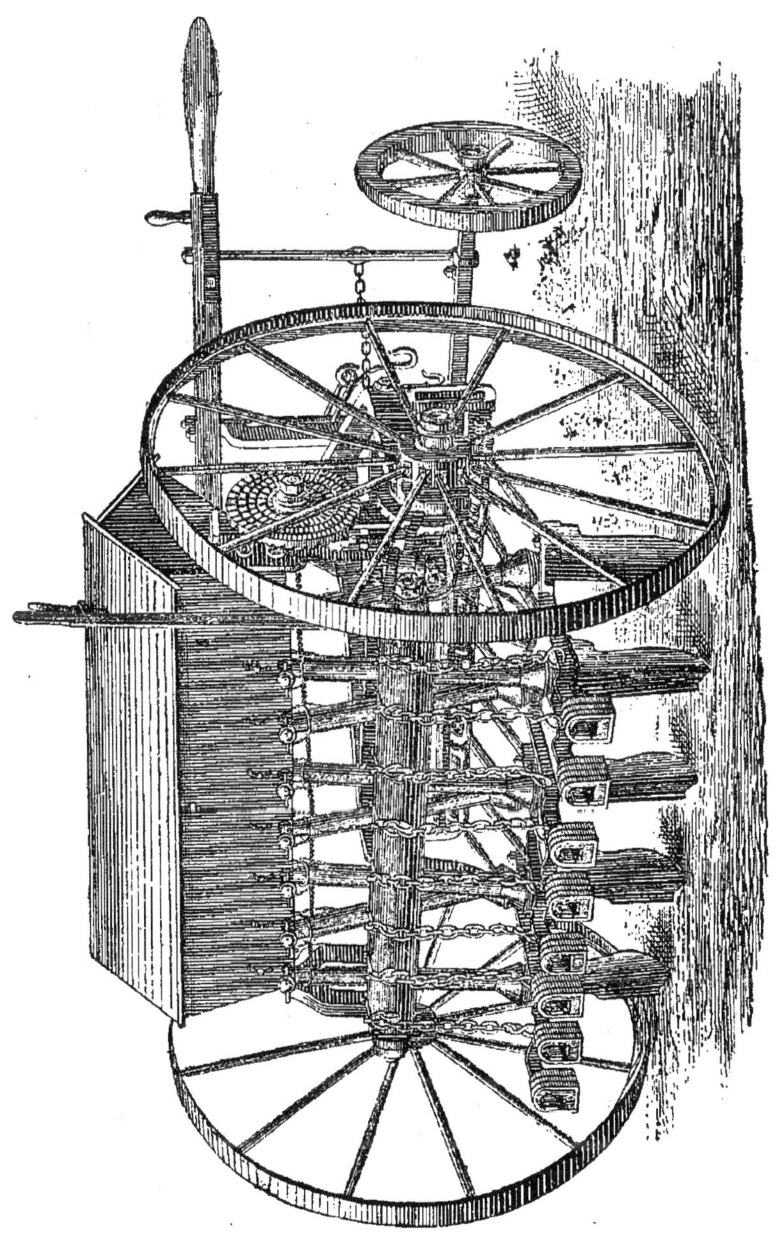

Voir pages.............. 76, 83, 91

SEMOIR SMYTH

Voir pages....... 74, 78, 86 et 90

SEMOIR ALBARET

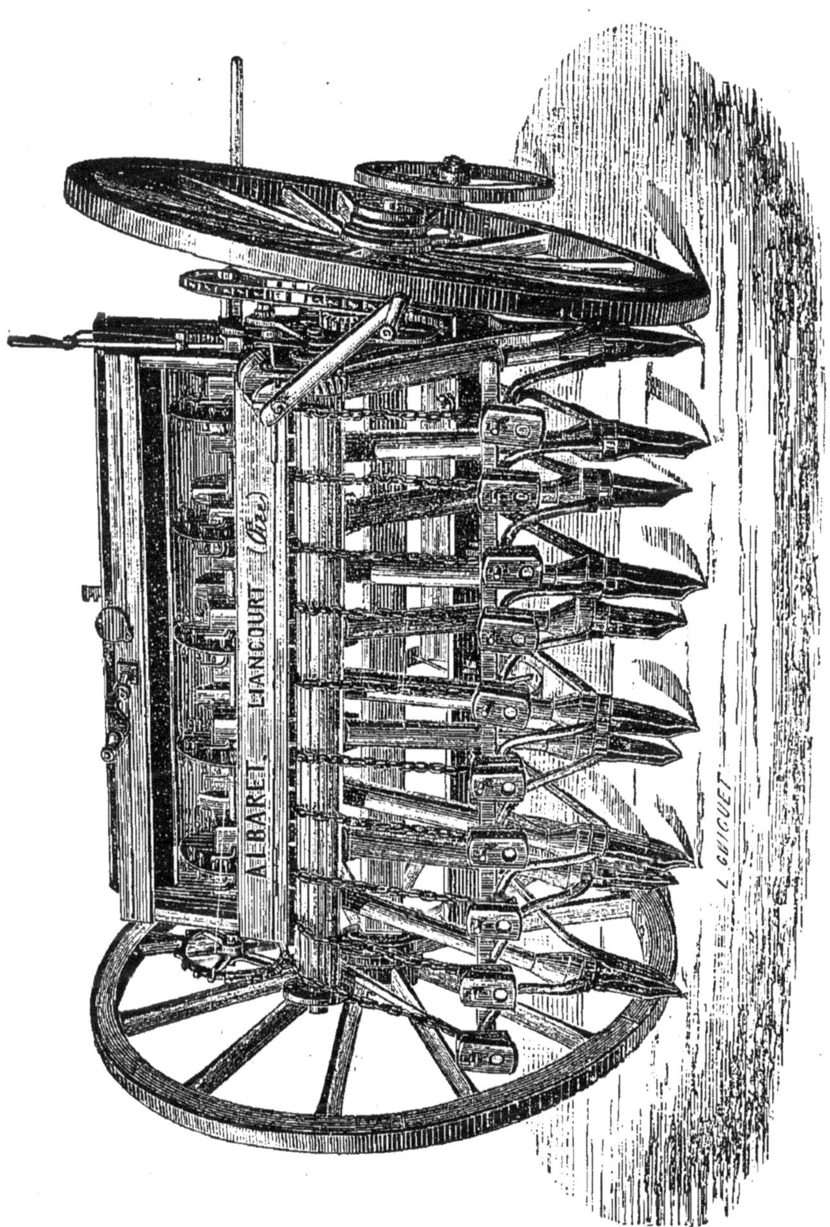

Voir pages............. 80 et 104

PLANTEUR DE POMMES DE TERRE JAPY

Voir page.................... 111

HOUE SOUCHU PINET A EXPANSION ANGULAIRE

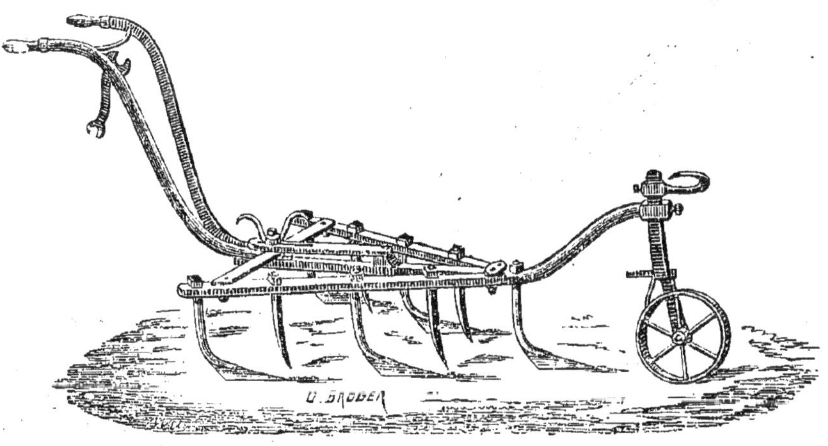

HOUE SOUCHU PINET A EXPANSION PARALLÈLE

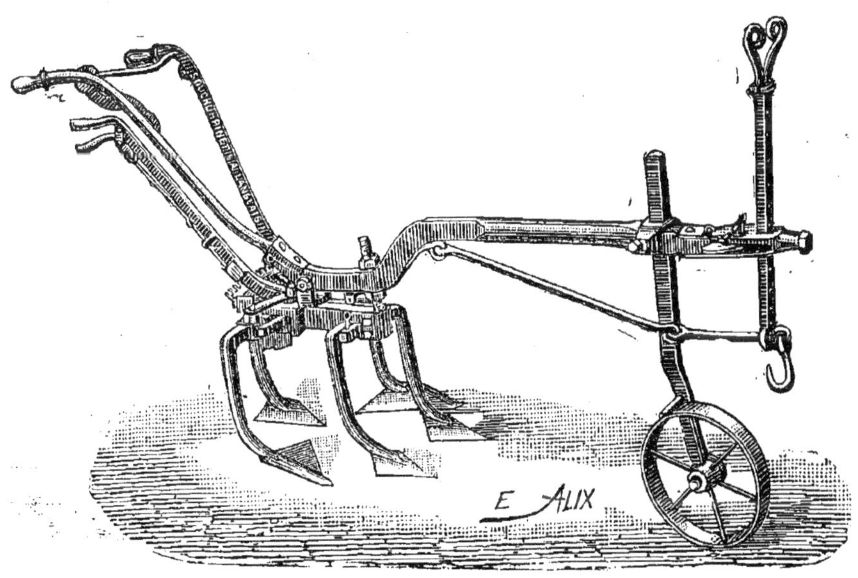

Voir pages............. 110 et 120

HOUE PILTER PLANET

HOUE ÉMILE PUZENAT

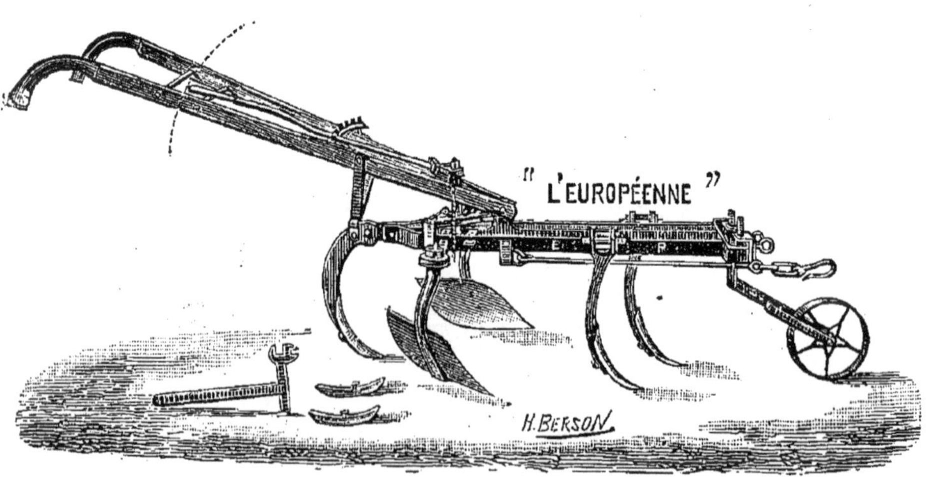

Voir page..................... 123

HOUE DURAND

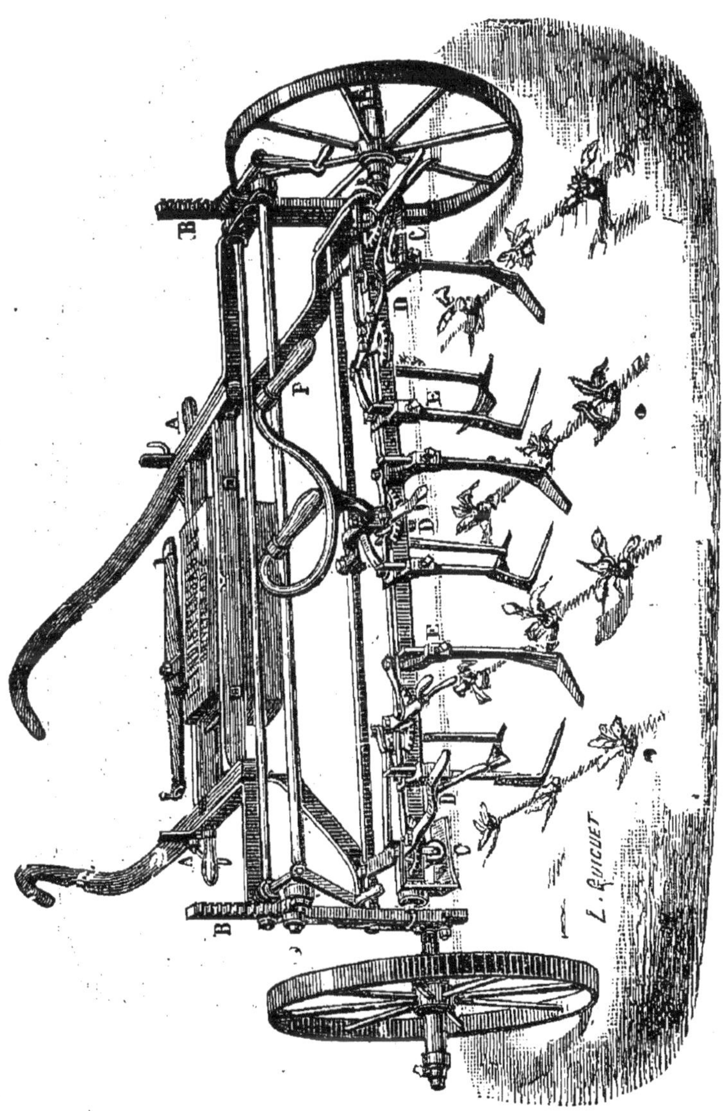

Voir page........................ 125

HOUE WOOLNOUGH SMYTH

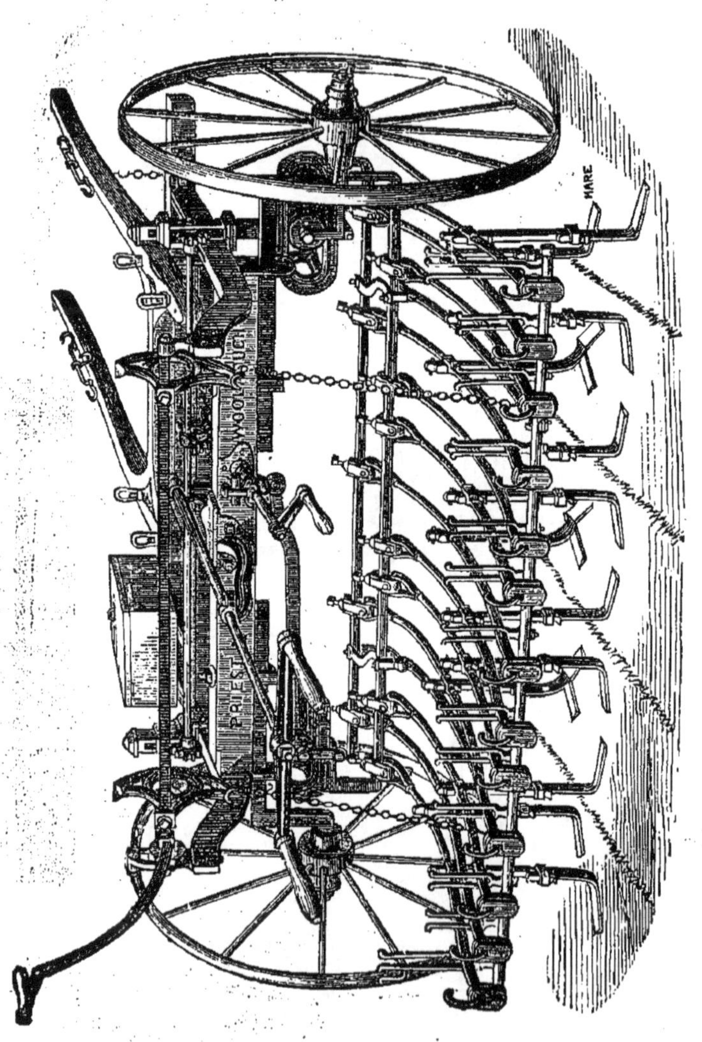

Voir page...................... 132

HOUE BAJAC

Voir page.......................... 128

HOUE CANDELIER

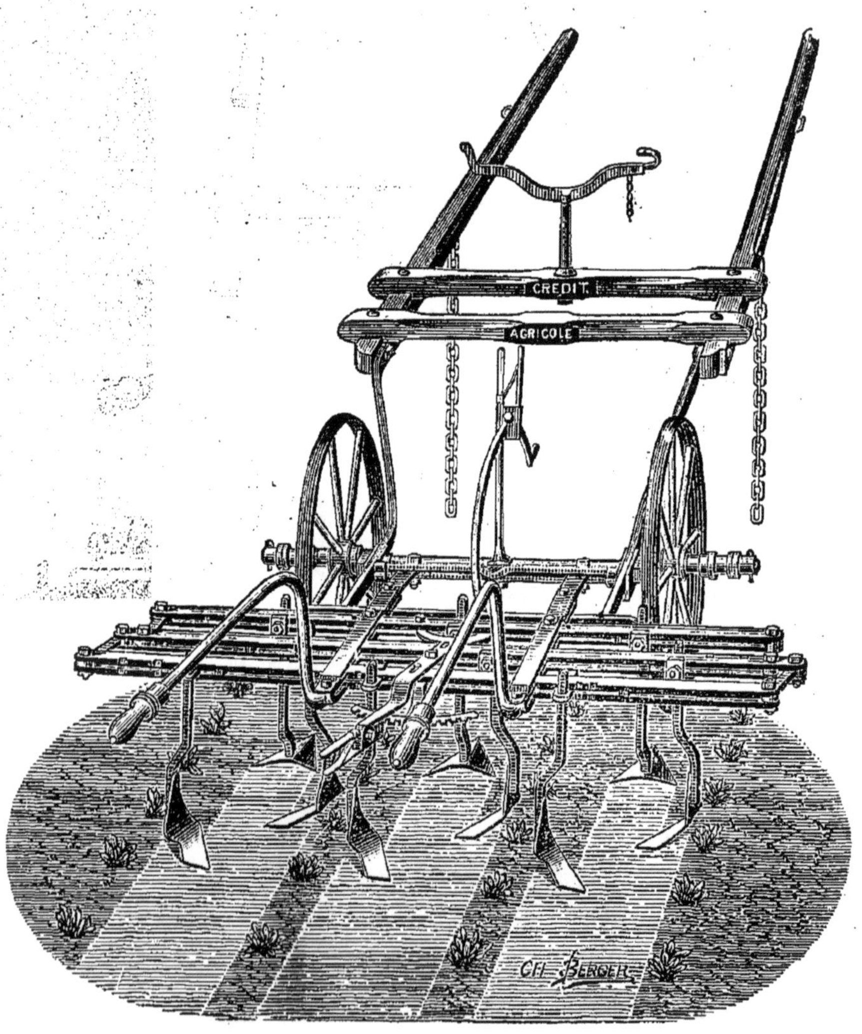

Voir page.......................... 127

PULVÉRISATEUR A DOS D'HOMME BESNARD

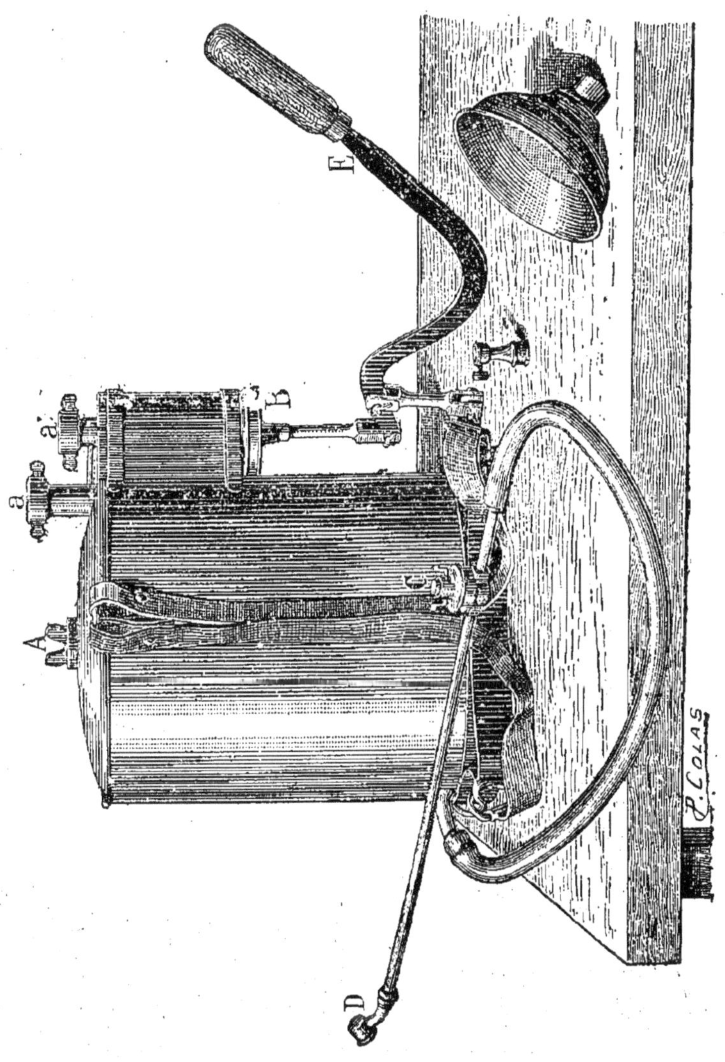

Voir page.................... 161

PULVÉRISATEUR PILTER CHAMBERT

PULVÉRISATEUR A TRACTION VIGOUROUX

Voir page 176

PULVÉRISATEUR A TRACTION JAPY

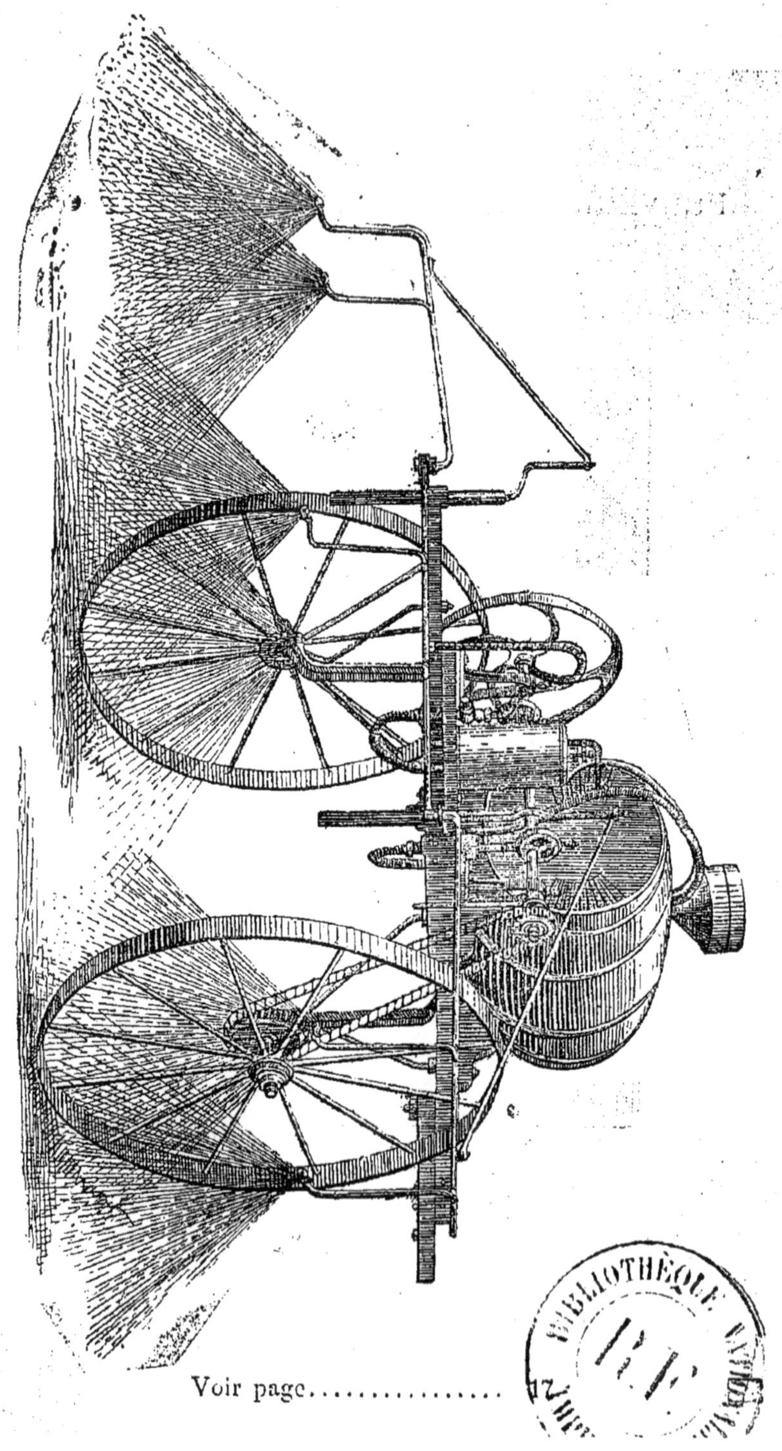

Voir page................. 12

www.ingramcontent.com/pod-product-compliance
Ingram Content Group UK Ltd.
Pitfield, Milton Keynes, MK11 3LW, UK
UKHW022046190726
13855UKWH00002B/423